わかる！使える！

研削加工入門

海野邦昭 [著]
Unno Kuniaki

日刊工業新聞社

【 はじめに 】

　工作物を研磨し、研削するという技術は、狩猟時代の打製石器から磨製石器に至る過程で進歩しました。打製石器で土を掘っていたら、その先端が磨かれて光沢面になったのに気がつき、ラッピング技術が生まれたといわれています。皆さんも、シャベルで土を掘っていると、その先端が滑らかになることをご存知だと思います。このことに最初に気がついた人は素晴らしいですね。また当時の人は、急流の川の中で石が転がり、磨かれて丸くなるのを知っていました。このような経験や、硬い石と柔らかい石を摺り合わせていたら、光沢面となることを知り、砥石による研磨技術を開発し、磨製石器を製作していたと思われます。これは、固定砥粒を用いた研磨技術です。

　研磨技術を用いた磨製石器の進歩に伴い、農耕技術も発展し、人々の生活は豊かになりました。すなわち打製石器による狩猟時代から、磨製石器による農耕時代へ移行し、定住生活が始まりました。このように研磨技術の発展は人間の生活に顕著な影響を及ぼしたのです。その後の金属の発見により、銅器や鉄器が作られ、とりわけ装飾品や武器などの製作に必要な技術として研磨技術の重要性が認識され、その加工技術はますます発展しました。日本でも博物館などに行くと、古い時代の刀剣や包丁などの刃物の素晴らしい研磨技術を見ることができるでしょう。

　近代的な研削加工が始まったのは産業革命後で、工具の加工に用いられたといわれています。それから汎用機を用いた研削技術が進歩し、モノづくり産業の基盤技術として近代的な産業の発展に寄与しました。その後、コンピュータ技術の発展に伴い、数値制御（NC）工作機械が製作され、大量生産の時代に至ります。とりわけコンピュータ制御された研削盤の発展に伴い、精密研削技術は自動車、軸受、金型および半導体産業などの基盤加工技術となり、現在も日本の産業を支えています。

　しかしながらここで留意すべきことは、NC工作機械も道具だということです。工作機械はマシンツールで機械化された工具で、それを使いこなすの

は人です。NC研削盤もソフトがなければただの箱で、そのソフトを作るのは、汎用機で培った知識や経験を有する熟練技能者であり、技術と技能を兼ね備えたエンジニアリング・テクノロジストです。単にNC研削盤を操作するだけの人はオペレータで、技能者ではありません。皆さんには、是非とも、機械操作とともにソフトが作れる技能者になっていただきたいと思っております。習得した技術や技能は、皆さんの一生の財産になるでしょう。

　そこで本書では、研削加工の基礎となる知識や研削加工時に発生する現象を、経験の浅い作業者にも、できるだけわかりやすく図表を用いて解説しました。また実作業に必要な研削砥石の選択、砥石とフランジの取り扱い、ツルーイング・ドレッシング、研削油剤の選択とその取り扱い、および作業目的に見合った研削条件の目安などについても平易に述べています。

　しかしながら研削加工といっても多くの種類がありますが、本書では基本となる横軸平面研削盤と円筒研削盤に限定し、その研削作業の主な手順を多くの絵や写真を用いてわかりやすく説明することにしました。

　最後に、本書の執筆にあたり、貴重な機会を与えていただいた日刊工業新聞社の原田英典氏、企画や編集作業などで助言をいただいたエム編集事務所の飯嶋光雄氏に厚く御礼申し上げます。

　また貴重な資料をご提供いただいた理化学研究所主任研究員の大森整氏、ものつくり大学名誉教授の東江真一氏、日刊工業新聞社イベント事業部、三井研削砥石、ノリタケカンパニーリミテド、クレトイシ、三菱マテリアル、アライドマテリアル、旭ダイヤモンド工業、ジェイテクト、ミクロン精密、岡本工作機械製作所、ディスコ、日進機械製作所、エレメントシックス、ユシロ化学工業、ケミック、GE社、レヂトン、豊田バンモップス、関西特殊工工作油、ジュンツウネット21、大河出版および切削油技術研究会の関係各位にこの場を借りて厚く御礼申し上げます。

2018年9月　　　　　　　　　　　　　　　　　　　　　　　　海野 邦昭

わかる！使える！研削加工入門

目　次

【第1章】
これだけは知っておきたい
研削加工の基礎

1　研削加工とその様式

- 研削加工と研削砥石・8
- 自動車産業を支える研削加工・10
- 研削加工のいろいろ・12
- 平面研削盤と平面研削・14
- 円筒（万能）研削盤と各種研削加工・16
- 内面研削盤と内面研削・18
- 心なし（センタレス）研削盤とその加工・20
- 研削盤による研削切断・22

2　研削時に発生する現象と基礎理論

- 切削と研削の違い・24
- 研削時の工作物の変形・26
- 研削温度と工作物の熱的損傷・28
- 接触弧の長さと研削焼け・30
- ビビリマークとスクラッチ・32
- 目こぼれ・目つぶれ・目づまり・34
- 研削時に砥粒に作用する力と研削形態・36
- 平均切りくず断面積と砥粒に作用する力・38
- 砥粒間隔と有効切れ刃間隔・40
- 高切り込み・低速研削と低切り込み・高速送り研削・42
- 研削時の作用硬さとは・44
- 目つぶれ形研削と研削現象・46
- 目こぼれ形研削と研削現象・48
- 最大砥粒切り込み深さ・50
- 硬脆材料の臨界押し込み深さ・52
- 延性モード研削と脆性モード研削・54

【第2章】研削加工の準備・段取りを始めよう！

1 研削砥石とその選択

- 研削砥石の内容の表示・58
- 代表的な研削砥石の形状と縁形・60
- 超砥粒ホイールの仕様の表示・62
- 砥粒の種類とその選択・64
- 粒度とその選択・66
- 各種研削方法と推奨研削砥石・68
- 結合度とその選択・70
- 組織とその選択・72
- 結合剤の種類とその選択・74
- 最高使用周速度・76

2 研削砥石の取り付けとバランス調整

- 研削砥石の取り扱い・78
- フランジとその選択・80
- フランジのチェックと誤った使用・82
- 研削砥石のキズのチェックと打音試験・84

3 ツルーイング・ドレッシング

- ツルーイング・ドレッシングとその工具・86
- 砥粒を用いる方法・88
- ダイヤモンド工具を用いる方法・90
- 金属を用いる方法・92
- 非接触による方法・94

4 研削油剤の選択と取り扱い

- 研削油剤の種類とその働き・96
- 研削油剤とその選択・98
- 水溶性研削油剤の希釈と濃度・100
- 水溶性研削油剤の劣化と腐敗・102
- 研削油剤の管理と健康問題・104

- 研削油剤の供給方法・106

5 作業目的に合った研削条件設定の目安

- 研削条件が研削性能に及ぼす影響・108
- 研削条件設定の目安（その1）・110
- 研削条件設定の目安（その2）・112
- 各種研削作業における推奨CBNホイールと研削条件の目安・114
- 各種研削作業における
  　推奨ダイヤモンドホイールと研削条件の目安（その1）・116
- 各種研削作業における
  　推奨ダイヤモンドホイールと研削条件の目安（その2）・118

【第3章】
実作業のポイントを押さえておこう！

1 安全作業のポイント

- 研削作業にあたって守るべきこと・122
- 研削作業ですべきこと・してはいけないこと・124

2 平面研削作業のポイント

- 研削砥石のフランジへの取り付けとバランス調整・126
- 研削砥石の主軸への取り付けとツルーイング・ドレッシング・128
- 各種工作物の電磁チャックへの取り付け方法・130
- 平面研削盤の動作確認と暖機運転・132
- 電磁チャック面の検査と修正・134
- 工作物（平行台）の取り付け・136
- 平行台の平面研削と反り取り・138
- 平行台の直角出しと寸法仕上げ・140
- 六面体の研削（直角出し）・142
- ます形ブロックとサインバーを用いた角度の研削・144

3 円筒研削作業のポイント

- 研削砥石のフランジへの取り付けとバランス調整・146
- 研削砥石の研削盤砥石軸への取り付け・148

- 円筒研削盤の動作確認と暖機運転・**150**
- 単石ダイヤモンドドレッサによるツルーイング・ドレッシング・**152**
- 両センタによる工作物の取り付け・**154**
- テーブルストローク長さとタリー時間の調整・**156**
- マンドレルの研削・**158**
- テストバーのテーパ研削・**160**
- 円筒スコヤの研削・**162**

コラム
- 次世代への研削加工技術・技能の継承・**56**
- エンジニアリング・テクノロジストを目指して・**120**

- 参考文献および引用箇所・**164**
- 索　引・**165**

【 第 **1** 章 】

これだけは知っておきたい
研削加工の基礎

1 研削加工とその様式

研削加工と研削砥石

❶研削加工とは

　研削加工は、図1-1のように、通常、砥粒、結合剤および気孔より構成される研削砥石を高速で回転し、工作物表面を微少に削り取り、精度良く仕上げる加工法です。研削砥石の切れ刃である砥粒は非常に硬いので、焼き入れ鋼材のような硬い材料の加工にも適用できます。また砥石作業面には無数の切れ刃があり、研削時の個々の切り込みが非常に小さくなります。そのため寸法精度や形状精度の高い加工を行うことができます。研削加工は、通常、最終的な仕上げ加工なので、その良否が機械部品の寿命に影響します。そのため研削加工はもっとも重要な基盤加工技術の1つといわれています。

❷研削砥石

　研削砥石には、ブリッジタイプ（3元系）のものと、マトリックスタイプ（2元系）のものとがあります。ブリッジタイプの砥石は、図1-2のように、砥粒、結合剤および気孔で構成されており、砥粒は切れ刃の働き、結合剤は切れ刃を保持する働き、そして気孔は切りくずを排出する働きをします。砥粒、結合剤および気孔は「砥石を構成する3要素」と呼ばれています。

　マトリックスタイプのものは、結合剤（ボンド）中に砥粒が分散されており、通常、切りくずを排出する気孔がありません。そのためマトリックスタイプの砥石の場合は、研削時にボンドを適切に削り取り、チップポケットを作る

図 1-1 | 研削加工とは

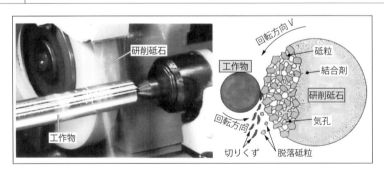

必要があります。

❸研削砥石と超砥粒ホイール

研削砥石は、図1-3に示すように、砥粒として酸化アルミニウム（Al_2O_3）や炭化ケイ素（SiO_2）が用いられており、中心部まで均質組織になっています。一方、超砥粒ホイールは砥粒として、ダイヤモンドや立方晶窒化ホウ素（cBN）が用いられ、台金と砥粒層より構成されています。

どちらも研削工具であることには変わりがありませんが、このような構造上の差異があるので、研削砥石と超砥粒ホイールに区分けされ、JIS規格（日本工業規格）も違っています。

図 1-2 | 研削砥石とその構成

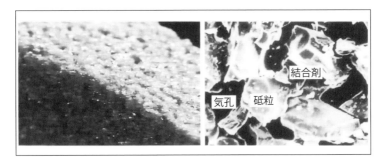

図 1-3 | 研削砥石と超砥粒ホイール

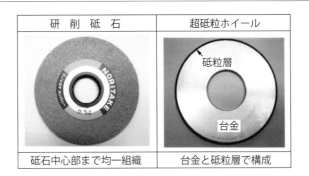

要点 ノート

砥粒、結合剤および気孔は「砥石を構成する3要素」と呼ばれており、砥粒は切れ刃の働き、結合剤は切れ刃の保持の働き、そして気孔は切りくずを排出する働きをします。また研削工具は研削砥石と超砥粒ホイールに区分けされます。

1 研削加工とその様式

自動車産業を支える研削加工

❶身近にある研削加工した製品
　私たちの身の回りには研削加工した製品が多くあります。図1-4に示すように、ハサミやナイフなどの刃物はどこの家にもあるでしょう。また食器棚には、江戸切り子や薩摩切り子などのカットグラスもあるかもしれません。このように、私たちは日常的に研削加工した製品を使っているのです。

❷自動車部品と研削加工
　通常、鋼材の自動車部品は鋳造・鍛造、切削加工、熱処理および研削加工の工程で製作されているので、研削加工の善し悪しが機械部品の寿命や製品の品質に顕著に影響します。そのため研削加工は重要な基盤技術で、日本を代表する自動車産業とともに発展してきたといっても過言ではありません。

　図1-5に示すように自動車には研削加工された部品が多く使用されています。エンジンで発生した回転エネルギを効率よく駆動輪に伝達する装置がパワートレインで、その主要な機械部品は、動力を発生するエンジン、また駆動力をタイヤへ効率よく伝えるためのトランスミッションやドライブシャフトなどです。4輪駆動車の場合は、プロペラシャフトやデファレンシャルギアなども駆動部品となります。そしてこれらの部品加工に研削加工が活躍しているのです。

❸数値制御（NC）研削盤による自動車部品の加工
　自動車部品のうち、とくにエンジン装置に関しては、図1-6に示すクランク

図 1-4　身近にある研削加工された製品例

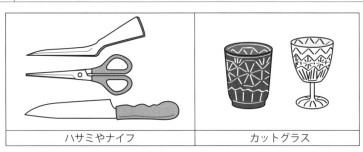

| ハサミやナイフ | カットグラス |

シャフト、カムシャフトおよびピストンなどの研削加工が重要です。これらの加工には、コンピュータ技術を応用した高精度・高能率CNC（コンピュータ数値制御）クランクシャフト研削盤やカムシャフト研削盤が用いられています。これらの加工に重要な役割を果たしているのが、高性能な研削工具であるビトリファイドCBNホイールで、このホイールの開発に伴い、これらの機械部品加工の自動化が急激に進みました。また心なし（センタレス）研削盤による燃料噴射バルブの加工や内面研削盤による軸受の加工など、研削加工は自動車、工作機械および軸受産業など、日本のモノづくり産業を支えているのです。

図 1-5 自動車部品と研削加工 (1)

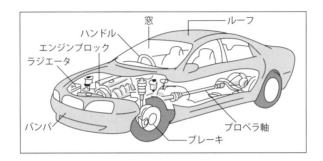

図 1-6 超砥粒ホイールとクランクシャフト・カムシャフト (ノリタケカンパニーリミテド)

要点 ノート

研削加工された製品は身近に多くあります。研削加工技術は自動車産業とともに発展してきました。仕上げ加工である研削加工が製品の寿命に顕著に影響します。研削加工は自動車、工作機械および軸受産業など、日本のモノづくり産業を支えている基盤加工技術です。

1 研削加工とその様式

研削加工のいろいろ

❶丸物部品と角物部品の研削

　一口に研削加工といっても多くの種類があります。基本的な丸物や角物部品の加工には、図1-7に示す円筒研削、心なし（センタレス）研削、内面研削および平面研削があります。(a) の円筒研削は丸い棒状の工作物を回転し、そして高速で回転する研削砥石でその外周面や端面を微少に削り取って、所要の寸法・形状に仕上げる方法で、自動車のシャフトなどに用いられています。

　(c) の心なし研削は、円筒研削の両センタ作業が困難な細くて長い部品や自動車用噴射ノズルなど、小径の自動車部品の加工に多く適用されています。また (b) の内面研削は、穴を有する工作物を回転し、またその穴の直径より小さな径の研削砥石を高速で回転して、その穴の内周面や端面を研削する方法で、とくにベアリング（軸受）などの加工に多く用いられています。

　直方体や円筒の平面などを研削するのが (d) の平面研削で、もっとも基本的な研削方法です。この方法は工作機械の案内面（ガイド）やシリコンウエハ面の加工など、いろいろな工作物の加工に適用されています。

❷特殊形状部品の研削

　特殊形状に工作物を加工する方法に、図1-8に示す (a) ねじ研削、(b) 歯車研削、(c) ならい研削および (d) の研削切断があります。

　ねじや歯車の研削仕上げを行うのがねじ研削と歯車研削です。とくにNC工作機械の送り用ボールねじ、切削工具のタップ、ねじゲージなどの高精度加工にねじ研削が、また工作機械や自動車の駆動機構用歯車などの仕上げ加工に歯車研削が多く適用されています。そのため、ねじ研削や歯車研削の良否が工作機械や自動車の性能に顕著に影響するといえます。

　(c) のならい研削はプロファイル研削とも呼ばれ、型、模型および実物などにならって、光学的に測定しながらこれと同じ形状に加工する方法で、とくに精密な金型部品の加工に多く適用されています。

　研削切断は、薄い研削砥石を高速で回転し、また送りを与えて工作物を研削によって切断する方法です。とくにシリコン、水晶およびサファイヤなどの切断に用いられ、電子産業には欠かせない基盤加工技術となっています。

図 1-7 丸物部品と角物部品の研削法 (2)

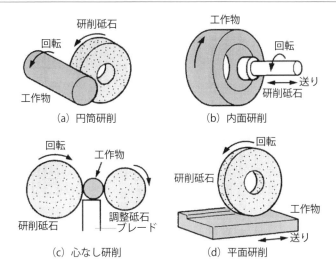

(a) 円筒研削　　(b) 内面研削
(c) 心なし研削　　(d) 平面研削

図 1-8 特殊部品の研削法 (2)

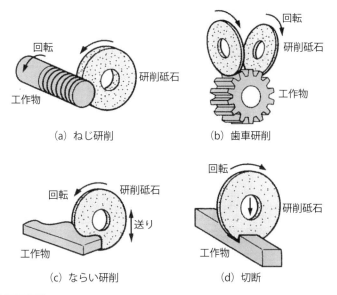

(a) ねじ研削　　(b) 歯車研削
(c) ならい研削　　(d) 切断

要点 ノート

研削方法には、円筒研削、内面研削、平面研削、ねじ研削、歯車研削、ならい研削および研削切断がありますが、それぞれ研削砥石と工作物の接触状態が異なります。そのため加工に適した研削砥石や研削条件が異なることに注意しましょう。

1 研削加工とその様式

平面研削盤と平面研削

❶横軸平面研削盤と立軸平面研削盤

平面研削盤の基本的な構造は、図1-9に示すようにベッドにコラムが取り付けられており、そのコラムに砥石頭や砥石軸が装着されています。またベッドにはサドルやテーブルが取り付けられており、そのテーブルが往復運動や回転運動をします。

(a)の横軸平面研削盤は、テーブル面に対し、砥石軸が平行に取り付けられたもので、片持ちはりの構造をしているため、比較的、剛性がありません。そのため研削抵抗が小さな精密研削に適しています。一方、(b)の立軸平面研削盤は、砥石軸がテーブル面に対し垂直に取り付けられているため、剛性が高く、高能率研削に多く用いられています。

❷各種平面研削盤とその作業

前述のように、平面研削盤は、砥石軸がテーブル面に対し水平か、あるいは垂直かによって、立軸形と横軸形とになります。またテーブル形状が角形か、円形かによって、角テーブル形と丸テーブル形とに区分けされます。そのため平面研削盤は、図1-10に示すように横軸角テーブル形、横軸円テーブル形、立軸角テーブル形および横軸円テーブル形となります。

横軸角テーブル形平面研削盤は、往復する角テーブル面に工作物を取り付け、平形砥石の外周面や成形面で研削するもので、金型やジグなどの精密研削の他、一般機械部品の平面や溝の研削に用いられています。

横軸円テーブル形平面研削盤は、回転する円テーブルにリング状や板状の小物工作物を取り付け、それらの端面を平面研削するもので、量産物の研削に適しています。

立軸角テーブル形平面研削盤は往復運動する角テーブルに、比較的大きな工作物を取り付け、リング形あるいはセグメント形の砥石端面で、その面を平面研削するもので、砥石と工作物の接触面積が大きいので、高能率・重研削に向いています。

立軸円テーブル形平面研削盤は、回転する円テーブルに比較的小さな工作物を取り付け、平面研削するもので小物部品の高能率研削に用いられています。

これらの平面研削盤の他に、両頭形の機械があります。この研削方法はディスク研削とも呼ばれ、向き合った2枚の大径砥石間に工作物を通し、その端面を研削するもので、転がり軸受の内外輪やピストンリングの量産加工に多く用いられています。

図 1-9　横軸平面研削盤と立軸平面研削盤 (3)

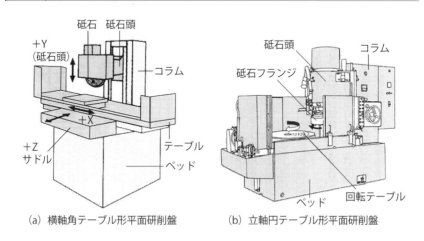

(a) 横軸角テーブル形平面研削盤　　(b) 立軸円テーブル形平面研削盤

図 1-10　平面研削盤とその作業のいろいろ (4)

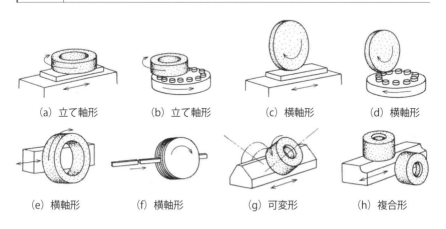

(a) 立て軸形　(b) 立て軸形　(c) 横軸形　(d) 横軸形

(e) 横軸形　(f) 横軸形　(g) 可変形　(h) 複合形

要点 ノート

一口に平面研削盤といっても多くの種類があるので、使用目的に応じて選択しましょう。通常、横軸平面研削盤は砥石軸の剛性が低いので、精密研削に、また立軸の機械は、その剛性が高いので、高能率・重研削に用いられています。

【1】研削加工とその様式

円筒（万能）研削盤と各種研削加工

❶円筒（万能）研削盤

　円筒研削盤は、図1-11に示すように、主軸台、心押台、ベッド、テーブルおよび砥石台などで構成されており、工作物は主軸台と心押台に装着された両センタで支持されます。主軸台の回転は、回し金（ケレ）で工作物に伝達され、工作物と研削砥石の回転運動によって、その表面や端面が研削されます。この場合、主軸台にチャックが装着でき、砥石台とともに旋回することができるのが万能研削盤です。また内面研削装置が装着されたものもあります。

❷円筒研削加工のいろいろ

　丸い棒状の工作物を両センタで支え、そしてそれを回転し、高速で回転する研削砥石でその表面や端面を所要の寸法、形状に加工するのが円筒研削で、自動車用の各種シャフト、工作機械のスピンドルそして圧延用のロールなどの加工に多く用いられています。

　円筒研削には、プランジ研削とトラバース研削の方式があり、工作物に送りをかけないで、砥石軸方向に切り込みながら研削するのがプランジ研削で、また所定の切り込みを与えた後、工作物を左右方向に往復させて加工するのがトラバース研削です。

　この円筒研削盤を用いると、図1-12に示すように円筒研削、テーパ研削および端面研削のほか、研削砥石を所要の形状に成形し、その砥石で工作物を研削し、その砥石形状を工作物に転写する総形研削もできます。また複数の砥石を砥石軸に取り付ければ、マルチホイール研削も可能です。

　万能研削盤の場合には砥石台を旋回し、砥石軸を傾ければ工作物の外周面と端面を同時に加工できるアンギュラスライド研削ができ、同様に砥石台を傾けることにより、大きな角度のテーパ研削も可能です。また主軸台にチャックを装着し、これに工作物を取り付ければ、チャック作業（ワーク）で円筒研削や端面研削ができ、そしてその主軸台を旋回すれば、大きな角度のテーパ研削や正面研削も可能です。

　このように円筒研削盤が生産性を重視しているのに対し、万能研削盤は汎用性を重視しています。

図 1-11　円筒研削盤と各部の名称 [5]

小形円筒研削盤

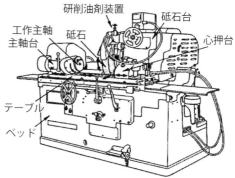
円筒研削盤各部の名称

図 1-12　各種円筒（万能）研削 [6]

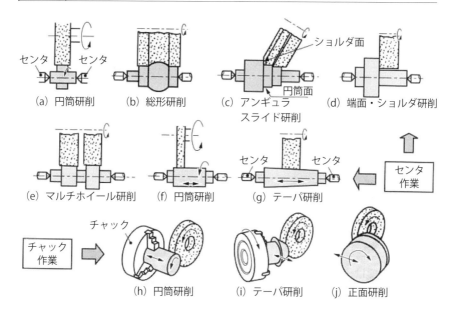

(a) 円筒研削　(b) 総形研削　(c) アンギュラスライド研削　(d) 端面・ショルダ研削
(e) マルチホイール研削　(f) 円筒研削　(g) テーパ研削　← センタ作業
(h) 円筒研削　(i) テーパ研削　(j) 正面研削　← チャック作業

要点 ノート

円筒研削にはプランジ研削とトラバース研削の方式があります。万能研削盤を用いれば、センタ作業とともにチャック作業もできます。円筒研削は自動車のシャフトや工作機械の主軸など、重要部品の加工に適用されています。

1 研削加工とその様式

内面研削盤と内面研削

❶内面研削の方式

　内面研削は、工作物の穴を高速で回転する研削砥石を用いて高精度に加工する方法です。内面研削には、図1-13に示すように、工作物と砥石をともに回転して穴の内面や端面を研削する工作物回転形（普通形）と、工作物を固定し砥石を遊星運動により、自転と公転をさせて穴を研削するプラネタリ形とがあります。

　普通形の内面研削盤は、通常、工作物をチャックに取り付けてその穴や端面を研削するので、ベアリングのようにバランスのとれた小形円筒形状の工作物の加工に適しています。一方、プラネタリ形内面研削盤は、金型、ジグ・取り付け具などの穴の研削によく用いられるのでジグ研削盤とも呼ばれています。この研削盤は、形状が円筒でない大形の工作物や重心が偏ったアンバランス形状の部品加工に適しています。

❷普通形内面研削盤

　一般的な内面研削盤は、チャックが装着された主軸台、研削砥石を取り付ける砥石台、テーブルおよびベッドで構成されています。この内面研削盤の場合には、図1-14に示すように工作物を主軸台に取り付けたチャックで保持し、主軸の回転運動、テーブルの往復運動および小径砥石の高速回転運動により、

図1-13　工作物回転形とプラネタリ形内面研削方式 [7]

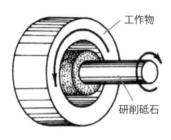
工作物回転形

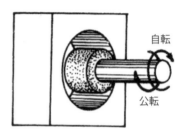
プラネタリ形

丸物部品の穴や端面を高精度に研削することができます。

❸いろいろな内面研削

図1-15に示すように、円筒研削と同様、テーブルを往復運動して加工するトラバース研削と、砥石を工作物に直角方向に送って加工するプランジ研削があります。また工作物を取り付けた主軸台を旋回し、加工するテーパ研削や工作物の端面を砥石の側面で加工する端面研削があります。

図1-14 │ 普通形内面研削盤

内面研削盤（岡本工作機械製作所）　　内面研削（岡本工作機械製作所）

図1-15 │ 各種内面研削 (8)

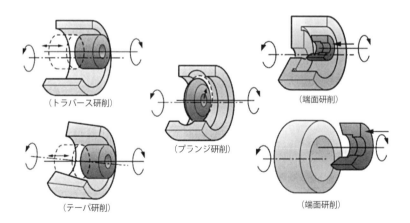

（トラバース研削）　　（プランジ研削）　　（端面研削）
（テーパ研削）　　　　　　　　　　　　　（端面研削）

要点　ノート

自動車や航空機などには高精度のベアリング（軸受）が使用されています。また金型やジグ・取り付け具の穴加工にはジグ研削盤が用いられています。このように内面研削はモノづくり産業を支える重要な基盤加工技術となっています。

1 研削加工とその様式

心なし（センタレス）研削盤とその加工

❶心なし研削盤

　心なし研削盤は、基本的には、両センタやチャックで支持できない細物、長物および小物部品などの円筒外周面を研削するもので、**図1-16**に示すようにベッド、砥石台、調整車台およびワークレスト（工作物を支える台）などで構成されています。砥石台には、砥石軸、砥石軸駆動装置および砥石修正装置などが、また調整車（砥石）台には、調整砥石支え、調整砥石駆動装置および調整砥石修正装置などが装備されています。[9]

　センタレス研削盤には、外周用と内周用の2種類があります。

❷心なし研削盤による加工

　図1-17に示すように工作物は研削砥石、支持刃（ブレード）および調整砥石の3点で支持されます。ゴム製の調整砥石が低速で回転すると、摩擦力により工作物が回転駆動され、高速に回転する砥石により、その外周面が研削されます。この方法は細くて長い工作物で、センタやチャックで支持することが困難なもの、研削時に変形の恐れがあるもの、および小物部品の研削に多く用いられています。とりわけ噴射装置ニードルなどの自動車部品や光ファイバ接続用のフェルール（**図1-17**）などの光部品の高精度、高能率加工に多く適用さ

| 図1-16 | センタレス（心なし）研削盤とその構造 (ミクロン精密) |

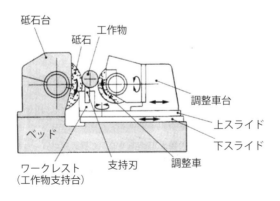

れており、自動車や光産業などの基盤加工技術になっています。

❸通し送り研削と送り込み研削

通し送り研削はトラバース研削とも呼ばれ、図1-18に示すように所定の間隔に設定された研削砥石と調整砥石の間に工作物を通してその外周面を研削する方法で、この場合、調整砥石を軸に対しある角度傾けることにより、工作物を軸方向に自動的に送ることができます。この研削方式は細くて長い工作物の外周面研削に多く適用されています。

また送り込み研削はプランジ研削とも呼ばれ、工作物をブレードに1つづつ載せ、調整砥石に送りを与えることによりその外周面を研削するものです。この研削方式は、頭の付いた円筒工作物、テーパの付いたもの、および段付き部品のなどの小物部品の研削に多く用いられています。

図 1-17 センタレス研削盤による加工 (写真：日進機械製作所)

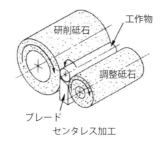
センタレス加工

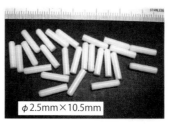
加工部品例（フェルール）

図 1-18 通し送り研削と送り込み研削 (10)

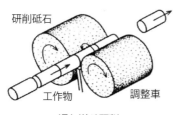
通し送り研削

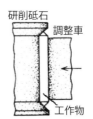
送り込み研削

要点 ノート

両センタやチャックで支持できない長物、細物および小物部品の加工に、センタレス研削が用いられます。とくに自動車用の燃料噴射装置のニードルや光ファイバ接続用のフェルールなどの量産加工に多く適用されています。

1 研削加工とその様式

研削盤による研削切断

❶外周刃と内周刃による研削切断

　研削切断には、図1-19に示す外周刃によるものと内周刃によるものとがあります。

　外周刃による研削切断には、円盤状のブレードと呼ばれる工具を用います。そのブレードを高速で回転し、研削油剤を供給しながら、通常、板状の工作物を研削切断します。ブレードには半導体などの切断に用いる0.1 mm以下の非常に薄いものから、石材などの切断に用いる直径が1 mを超える非常に大きなものまであります。研削切断でも、図1-20に示すように、半導体ウエハを機械に固定し、加工液を供給しながら、ダイシングソーを高速で回転して、形成された集積回路を切り出し、チップ化することをダイシングと呼んでいます。シリコンウエハの場合には、厚さが約10〜20 μmの超薄刃ブレードが用いられます。

　内周刃による研削切断には、ステンレス製のドーナツ状の円盤内周部にダイヤモンドを電着したブレードを用います。通常、直径が200 mm以下のシリコンインゴットの研削切断にはこのような内周刃ブレードが用いられています。

❷外周刃ブレードを用いた研削切断方法

　一般的なセラミックスなどの研削切断には、薄い外周刃ブレードが用いられているので、そのブレードを機械に取り付ける場合には、破損しないように取り扱うことが大切です。ブレードを機械に取り付けたならば、次はブレードの

図1-19 | 外周刃と内周刃による研削切断 [11]

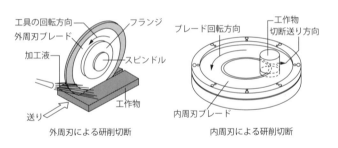

外周刃による研削切断　　　　内周刃による研削切断

ドレッシング（切れ刃の鋭利化とチップポケットの創成）です。この場合、ドレッシングが適切でないと、ブレードの切れ味が悪かったり、工作物に曲がって入ってしまい、破損することがあります。ブレードの取り付けと研削油剤供給ノズル位置の確認が終わったならば、工作物を研削盤のテーブルに固定し、切り込みと送りを与えて、研削油剤を十分に供給して研削切断します。

図1-20 ダイシングとシリコンインゴットの研削切断

精密ダイシング（ディスコ）　　　内周刃研削切断（岡本工作機械製作所）

図1-21 外周刃ブレードを用いたセラミックスの研削切断

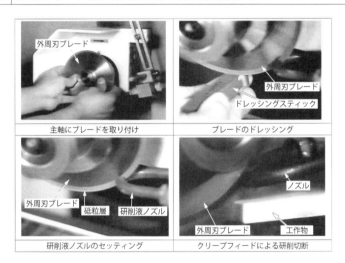

要点 ノート

研削切断には外周刃によるものと、内周刃によるものとがあります。一般的に行われているのが外周刃による研削切断で、とくにシリコンウエハの半導体の切り出しをすることをダイシングと呼んでいます。内周刃による研削切断は、おもにシリコンインゴットのスライシングに用いられています。

2 研削時に発生する現象と基礎理論

切削と研削の違い

❶切削工具の切れ味とは

図1-22に示すように、バイトで鋼材を削っている場合、切削工具の切れ刃先端で工作物に対し垂線を立て、その面とのなす角を「すくい角」と呼びます。バイトのすくい角が小さいと、切れ味が悪く、図1-22に示したせん断角が小さくなり、厚い切りくずが流出します。反対にバイトのすくい角が大きくなると、せん断角も大きくなり、薄い切りくずが出て、切れ味が良くなります。したがって切削時のせん断角の大小が、刃物の切れ味の良し悪しを示すことになります。

❷切削と研削

図1-23に示すように、通常の切削工具のすくい角は、プラス（正）ですが、研削砥石の砥粒切れ刃はマイナス（負）です。そのため加工特性に大きな違いが生じます。

切削工具が工作物を削る場合、その工具に作用する力が切削力です。図に示すように切削力は主分力（接線分力）と背分力（法線分力）に分解することができます。主分力は、工作物から不必要な部分を切りくずとして除去するための力で、背分力は工具を逃がしたり、工作物を変形させ、切り残しを生じる力です。切削の場合は主分力＞背分力ですが、研削では主分力＜背分力となります。したがって背分力の大きな研削加工は切り残しを生じやすく、切れ味の悪

図1-22 切削工具のすくい角と切りくず厚さ

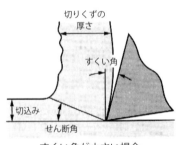
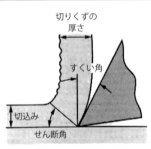

すくい角が小さい場合　　　　　すくい角が大きい場合

い加工法といえます。

❸切削と研削の特性の違い

表1-1に示すように、切削と研削とではその特性に大きな差異があります。前述のように、切削工具のすくい角が正であるのに対し研削は負です。そのため研削の場合は切削と比較し、せん断角が非常に小さくなり、切りくずが大きく変形するとともに、発熱も大きくなります。また砥粒切れ刃と工作物の摩擦熱の発生も大きく、研削温度が高くなります。

鋼材などの研削の場合は、このような大きな発生熱により、工作物の研削面に割れや焼けなどの熱的損傷を生じます。そのため研削の場合はとくに研削熱の発生をいかに小さくするか、また発生した熱をいかに早く取り去るかが問題になります。研削加工が熱との闘いといわれる理由がここにあります。

図1-23 | 切削力と研削力

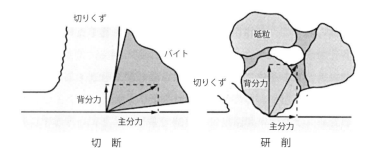

切 断　　　　　　研 削

表1-1 | 切削と研削の特性比較

加工特性	切 削	研 削
切れ刃すくい角	正	負
せん断角	大	小
切りくずの変形	小	大
切削抵抗	主分力＞背分力	主分力＜背分力
発 熱	小	大
切削温度	低	高

要点 ノート

切削工具の切れ味はせん断角により定量的に表現できます。砥粒切れ刃のすくい角が負の研削加工はせん断角が小さく、切りくずが大きく変形し、発熱が大きくなります。そのため研削加工は切れ味の悪い加工法といえます。

2 研削時に発生する現象と基礎理論

研削時の工作物の変形

❶研削抵抗による工作物の変形
　円筒研削時には、図1-24に示すように、大きな背分力（法線分力）によって工作物は変形します。円筒研削の場合は、工作物の両端がセンタ（工作物を支持する円錐形の工具）で支持されています。工作物の中央に大きな背分力が作用すると、たわみを生じます。このような状態で研削すると、工作物の両センタ側が所定の切り込みで研削されるのに対し、中央部には切り残しが生じます。そのため研削後は、工作物の両端部が細くなり、また中央部が太くなって、ストレートの円筒にはなりません。このように大きな背分力は、砥石軸の逃げ、あるいは工作物の変形を生じ、切り残しの原因となります。

　同様に肉ぬきした四角形部品を平面研削すると、大きな背分力で中央部が変形して逃げを生じ、切り残しとなります。一方、両端部は固定されているので逃げは生じません。そのため研削後、工作物は中央部が中高になります。

❷研削熱による工作物の変形
　図1-25に示すます形ブロック（各面が互いに直角にできた正六面体のジグ・取り付け具）を研削すると、前述のように大きな背分力によって、面の中央部がたわんで、切り残しを生じます。同時に、高い工作面表面温度により、その表面が熱膨張します。そして切り込みが増大し、オーバーカットを生じるので、この場合は工作物が中低となります。このように通常の研削では、背分力の影響が大きいか、あるいは研削熱の影響が大きいかによって、研削後は、工作物が中高状態になったり、中低状態になったりします。すなわち平面研削で真に平面となるのは、これらの影響がバランスした一瞬です。

　円筒研削の場合も同様で、背分力の影響が大きいと、研削後、工作物が中太状態になり、また研削熱の影響が大きいと中細状態になります。そのため研削時に工作物の変形をできるだけ小さくするには、研削砥石の切れ味や研削条件を調整し、これらの影響をできるだけ少なくすることが大切です。

　通常、熟練技能者は、粗く目直し（ドレッシング）した切れ味の良い砥石で能率良く粗研削をし、その後、細かな目直しをし、そして微少な切り込みで、工作物の表面粗さを整え、仕上げ研削を行っています。

図 1-24 研削抵抗による工作物の影響

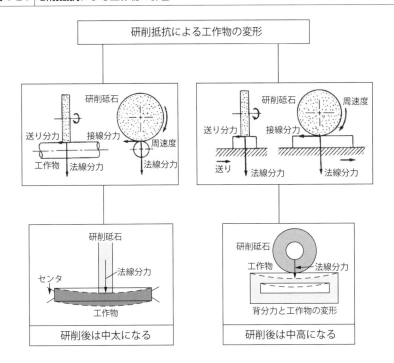

図 1-25 研削抵抗と研削熱による工作物の変形

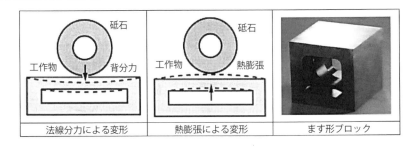

要点ノート

鋼材などの研削では、工作物に研削抵抗と研削熱が同時に作用します。研削抵抗の法線分力（背分力）の影響が大きいと、研削後、工作物は中太や中高状態となり、研削熱の影響が大きいと、中細や中低状態となります。

2 研削時に発生する現象と基礎理論

研削温度と工作物の熱的損傷

❶研削加工時の表面温度

　鋼材研削時には、砥粒先端における切りくずの変形に伴う発熱、砥粒すくい面と逃げ面における摩擦熱により、工作物の表面は非常に高温になります。

　研削加工時の表面温度は「工作物表面温度」と呼ばれ、**図1-26**に示すように研削砥石と工作物の接触が終わった時の温度です。この場合は下向き研削で、砥粒が工作物に食い込み始めるにつれて温度が上昇し、離脱する場合に最高温度を示します。

❷工作物表層温度

　研削温度の測定には、通常、熱電対（熱起電力を利用して温度を測定するための1対の金属）が用いられますが、実際の研削点の温度を測定することは困難です。そのため研削面接触温度に基づき、シミュレーションなどを用いて工作物表層温度が求められています。

　図1-27に示すように、工作物表層温度は、発生した熱が工作物に流入し、熱伝導によって形成された分布のことです。研削砥石と工作物の接触面近傍における研削温度は、工作物表面温度と比較し、非常に高温になり、鋼材の研削では約1000℃に達しています。

❸研削加工時における熱損傷

　通常の鋼材などの研削においては、工作物表層温度が非常に高温になるので、その表面に「研削焼け」を生じます。研削焼けは鋼材の研削面に形成された酸化膜に依存する光の干渉色です。ロウソクの炎の上に手を置くとヤケドをしますが、研削焼けはこれと同じ現象です。研削焼けは光の干渉色なので、虹のように、酸化膜の厚さによって、赤色から青色に変化します。しかし通常の研削の場合、その厚さが薄いので、その色を見ることはほとんどできません。

　また研削時に、工作物表面はこのように高温になるとともに、研削液で急激に冷却されます。そのため熱衝撃により研削割れを生じます。**図1-28**に研削焼けと研削割れの写真を示しますが、機械部品にこのような熱損傷を生じると、その部品寿命が短くなるので、とくに鋼材の精密研削などでは研削焼けや割れの発生を避けることが大切です。

図 1-26 研削時の発熱と研削表面温度

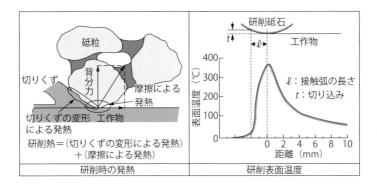

図 1-27 研削時における工作物表層温度 (12)

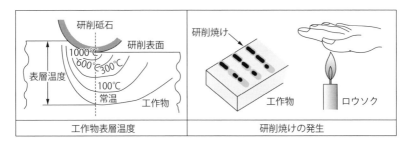

図 1-28 研削焼けと研削割れ

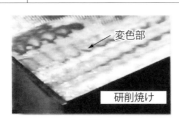

研削焼け
酸化膜の厚さに依存する光の干渉色で、膜が薄い場合はわら色で、厚くなると青色に変化する。

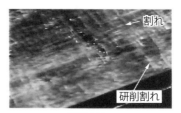

研削割れ
研削時の急速な加熱と冷却による焼き割れ現象。

要点ノート

鋼材の研削では、研削点温度が非常に高くなり、研削面に研削焼けや割れなどの熱的損傷が発生します。工作物にこのような熱的な損傷が生じると、機械部品の寿命を短くします。

2 研削時に発生する現象と基礎理論

接触弧の長さと研削焼け

❶研削焼けの発生条件
　前項の図1-27に示したように、ロウソクの炎の上をゆっくりと手を通すとヤケドが生じますが、速く手を通すとヤケドは発生しません。このようにヤケドは酸化反応なので、その発生条件は温度と保持時間に依存します。
　温度が高い場合は、保持時間が短くてもヤケドが生じます。また温度が低くても、保持時間が十分に長いとヤケドが発生します。湯たんぽなどを使った場合の低温ヤケドです。研削の場合も同様で、研削温度が高いと、保持時間が短くても研削焼けが発生し、また研削温度が低くても、保持時間が非常に長いと焼けが生じることになります。

❷研削砥石と工作物の接触弧の長さ
　鋼材研削時の研削焼けの発生に対応する保持時間に関係するのが、図1-29に示す研削砥石と工作物の接触弧の長さです。この接触弧の長さを工作物速度で割った値を、近似的に工作物の加熱時間と見なすことができます。そのため研削砥石と工作物の接触弧の長さが大きいほど、また工作物速度が遅いほど、工作物の加熱時間が長くなり、研削焼けが発生しやすくなります。

❸研削方式と接触弧の長さ
　接触弧の長さは研削方式によって変化します。図に示したように、穴の内面などを研削するのが内面研削ですが、この場合は、研削砥石と工作物の接触状態は凹対凸の接触となります。また角物部品などの表面を研削するのが平面研削で、このときは平面対凸の接触です。そして丸物部品などの表面を研削するのが円筒研削で、この場合は凸対凸の接触となります。
　研削砥石の直径が異なるので、同一条件で接触弧の長さを比較することはできませんが、通常、その値は、凹対凸の内面研削がもっとも長く、続いて平面対凸の平面研削、そして凸対凸の円筒研削がもっとも短くなります。
　通常の鋼材の研削において、接触弧の長さがもっとも大きな内面研削は、加熱時間が長く、そのため研削焼けがもっとも発生しやすくなります。続いて平面研削となり、円筒研削の場合に加熱時間がもっとも短く、研削焼けが発生しにくいといえます。

第1章 これだけは知っておきたい 研削加工の基礎

図 1-29 接触弧の長さと研削焼けの発生

接触弧の長さと研削焼け

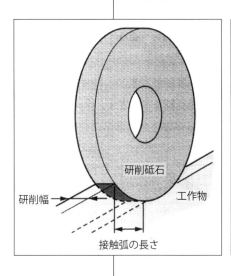

$$\ell = \sqrt{t \Big/ \left(\frac{1}{D} \pm \frac{1}{d}\right)}$$

ℓ：接触弧の長さ
t：切り込み
D：砥石径
d：工作物径
$+$：円筒研削
$-$：内面研削
$d=\infty$：平面研削

研削焼けは研削温度と保持時間に依存

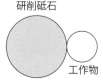

研削焼けの発生確率：内面研削＞平面研削＞円筒研削

要点 ノート

通常の鋼材の研削において、接触弧の長さがもっとも大きな内面研削の場合に、研削焼けがもっとも発生しやすく、続いて平面研削、そしてその値がもっとも小さな円筒研削の時に、もっとも発生しにくくなります。

2 研削時に発生する現象と基礎理論

ビビリマークとスクラッチ

❶ビビリマーク

　図1-30に示すように、研削中に発生する強制振動（強制的な外部の力によって生じる振動）や自励振動（外部からの振動的入力がない場合でも生じる振動）により、工作物表面に発生する規則性をもったまだら模様を「ビビリマーク」といいます。

　研削盤に取り付けた研削砥石のアンバランスや、図1-31に示す研削過程での砥石の偏摩耗により、砥石回転数の整数倍の振動数の強制振動が発生します。この強制振動により、規則性をもったまだら模様が工作物の研削面全体に発生します。このようなビビリマークが発生したならば、後で詳しく述べますが、砥石のバランス調整やツルーイング（形直し）をする必要があります。

❷スクラッチ

　研削時に、図に示した工作物表面に生じる規則性をもたない線状のキズをスクラッチといいます。ドレッシング（目直し）直後の不安定な切れ刃をもつ研削砥石で工作物を研削した場合や、図1-31に示した研削盤の砥石カバーや研削液タンクの洗浄が不完全な場合に多く生じます。

　ドレッシング直後の砥石作業面上の切れ刃は不安定で、研削時にチッピングや脱落を生じます。この脱落砥粒などが砥石と工作物間に挟まれ、線状のキズを生じます。そのためドレッシング直後の砥石で研削する場合には、捨て研削や竹べらなどを用いて、不安定な切れ刃を取り除く必要があります。

　また研削盤の砥石カバーを開くと、図に示すようにその内側に脱落砥粒や切りくずがびっしりと貼り付いていることがあります。このように切りくずや脱落砥粒が砥石カバー内に付着していると、それらが研削時に工作物と砥石間に挟まれ、スクラッチの原因となります。そのため砥石カバー内を常にきれいに掃除しておくことが大切です。同様のことが研削油剤のタンクについてもいえます。通常、研削油剤タンクにはマグネットセパレータが付いており、鋼材の大きな切りくずは除去されますが、微少なものや脱落砥粒は除去できません。そのためペーパーフィルタなどを用いてこれらを除去するか、あるいは定期的に研削油剤タンクを清掃し、研削油剤を新しいものに換えることが大切です。

第1章 これだけは知っておきたい 研削加工の基礎

図 1-30 ビビリマークとスクラッチ

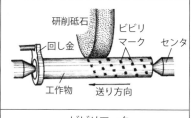
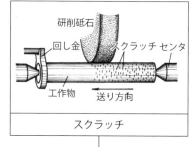

ビビリマーク	スクラッチ
研削中に発生する強制振動や自励振動により工作物表面に残される規則性をもったまだら模様	工作物表面に生じる規則性をもたない線状のキズ

図 1-31 砥石の偏摩耗と砥石カバーに付着した切りくずや脱落砥粒

研削砥石の偏摩耗　　　　　カバーに付着した切りくずや砥粒

要点 ノート

ビビリマークは研削時に発生する規則性をもったまだら模様で、スクラッチは規則性をもたない線状のキズです。通常の精密研削では、研削時にこのようなビビリマークやスクラッチを発生させないことが大切です。

【2 研削時に発生する現象と基礎理論

目こぼれ・目つぶれ・目づまり

❶目こぼれ・目つぶれ・目づまりの発生
　研削時には、図1-32に示すような目こぼれ、目つぶれ、目づまりが発生します。目こぼれは、砥石作業面上の切れ刃が脱落し、欠けた状態になっていることです。目つぶれは、その切れ刃が平滑化し、鈍化した状態になっていることです。また目づまりは、砥石作業面上の気孔が切りくずでつまった状態になっていることです。

❷目こぼれ形研削
　目こぼれ形研削は、砥粒の保持力が小さな研削砥石を用いて、工作物を重研削するような場合に生じます。砥粒に作用する研削力がその保持力を超えると、砥粒は次々に脱落します。このような研削形態の場合には、砥粒が脱落すると、砥石内部から新しい切れ刃が生じるので、表1-2に示すように、砥石の摩耗量は多くなりますが、その切れ味は良好になります。すなわち研削抵抗が小さく、また研削温度も低いので、研削面に生じる熱的損傷や加工変質層は小さくなります。反面、砥粒が次々と脱落するので、寸法精度や形状精度を維持するのが困難であり、またまた砥石の摩耗量が多くなるため、研削比（研削量／砥石摩耗量）が小さく、工具費が大きくなります。

❸目つぶれ形研削
　目つぶれ形研削は、砥粒を保持する力が大きな研削砥石を用いて、工作物を軽研削するような場合に生じます。砥粒の保持力に比較し、研削力が小さいと、砥粒が脱落しないため、切れ刃先端が摩耗し、平滑化します。このタイプの研削では、砥石の摩耗量が小さいので、研削比は大きくなりますが、その切れ味が悪く、研削抵抗が大きくなり、研削温度も高くなります。そのため鋼材の研削などでは、研削焼けや割れなどの熱的損傷が発生しやすくなります。

❹目づまり形研削
　目づまり形研削は、鉛や銅などの軟質金属を研削する場合に生じやすく、砥粒切れ刃が鋭利であるにもかかわらず、チップポケットに切りくずが詰まってしまい、研削の続行ができなくなるようなタイプです。このタイプの研削は、一種の目つぶれ形研削と見なすことができます。

図 1-32 | 目こぼれ・目つぶれ・目づまり

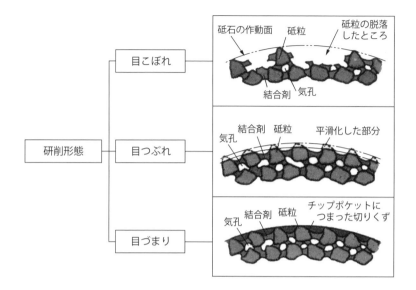

表 1-2 | 目こぼれ形研削と目つぶれ形研削の特性比較

研削特性	目こぼれ形研削	目つぶれ形研削
砥石摩耗量	大	小
研削比	小	大
研削抵抗	小	大
研削温度	低	高
研削焼け	発生しにくい	発生しやすい
切り残し	大	小
形状精度	低	高

要点 ノート

研削時には、目こぼれ、目つぶれ、目づまりが発生します。目こぼれ形研削は砥石の切れ味は良好ですが、その摩耗量が大きくなります。目つぶれ形研削は、砥石の摩耗量は少ないものの、その切れ味が悪くなります。

❰2❱ 研削時に発生する現象と基礎理論

研削時に砥粒に作用する力と研削形態

❶フライス削りと平面研削

　図1-33に示すように、フライス削りと研削加工はともに多刃工具による切削と見なすことができます。研削加工の場合は、フライス削りと比較し、砥石作業面上の切れ刃が無数にあるのが大きな違いですが、ともにフライスや研削砥石を高速で回転し、送りを与えて工作物を削ることに変わりはありません。そのため、フライス削り時の切削力を求める場合に用いる切削断面積の考え方が研削の場合にも適用できるといえます。

❷砥粒保持力と研削力

　研削時には、図1-34に示すように、砥粒に研削力が作用します。砥粒の保持力に比較して、研削力が小さい場合は、砥粒は脱落せず、工作物を削ります。研削によって砥粒切れ刃の先端が、順次、摩耗すると、研削力が増大します。そしてその値が、砥粒の保持力を超えるようになると、砥粒が脱落するようになります。すると砥石の内部より切れ刃が新生し、砥石の切れ味が回復します。このことを通常、目替わり、自生発刃および自生作用と呼んでいます。この目替わりが良好であれば、上手な研削作業ができますが、砥石の均質性が悪い場合や研削条件の設定が誤っていれば、目こぼれ形や目つぶれ形の研削になってしまいます。

❸砥粒の脱落する確率と研削形態

　砥粒の保持力をfc、そして砥粒に作用する力をfとしましょう。砥粒の保持力とそれに作用する力が一致すれば、砥粒は脱落するので、その脱落条件は$f=fc$となります。この場合、砥粒に作用する力を砥粒の保持力で割った値、すなわちf/fcは砥粒の脱落する確率を示すことになります。$f/fc=1$の場合は、常に目こぼれが生じるので、完全な目こぼれ形研削になり、そして$f/fc=0$の場合は、砥粒が脱落することがないので、常に目つぶれ形研削になります。この場合、砥粒に作用する力は研削条件に依存し、砥粒の保持力は、主に砥石の仕様により決定されます。そのためf/fcがある一定値の時に、最適値を示すので、作業目的に合った研削砥石を用いて、適切な研削条件下で研削加工を行うことが大切です。

第1章 これだけは知っておきたい 研削加工の基礎

図 1-33 フライス削りと平面研削

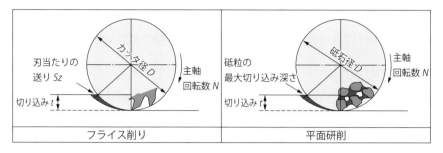

図 1-34 砥粒の脱落する確率と研削形態

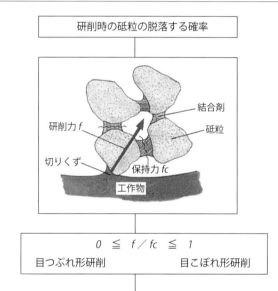

$0 \leqq f/fc \leqq 1$

目つぶれ形研削　　　　目こぼれ形研削

砥粒保持力 fc	研削力 f	研削形態
大	小	目つぶれ
大	大	正常
小	大	目こぼれ
小	小	正常

要点 ノート

研削形態は、砥粒保持力と砥粒に作用する力に依存します。砥粒保持力の小さな砥石で重研削すると、研削力が大きくなり、目こぼれ形の研削となり、その反対の場合が目つぶれ形の研削となります。

2 研削時に発生する現象と基礎理論

平均切りくず断面積と砥粒に作用する力

❶平均切りくず断面積

　切削加工の場合、切削断面積がわかれば切削力が予測できますが、研削加工の場合も同様です。そのため単一砥粒の切削する切りくずの平均断面積がわかれば、研削力が求まります。図1-35に示した研削モデルに基づいて平均切りくず断面積を求めてみましょう。

　工作物の総研削体積（研削幅×切り込み×工作物速度×単位時間）を作用切れ刃数（その体積を研削するのに作用した切れ刃数）で割れば、1個の切りくずの体積が求まります。この場合、作用切れ刃数はその間の砥石表面積（研削幅×砥石周速度×単位時間）に切れ刃密度を掛けた値です。ここで切りくずの形状を三角錐と仮定し、その長さを接触弧の長さで近似すれば、平均切りくず断面積が求まります。すなわち1個の切りくずの体積を接触弧の長さで割れば、平均切りくず断面積となります。

❷研削条件と平均切りくず断面積

　平面研削時の平均切りくず断面積は、図に示したように砥粒間隔（隣接する平均的な砥粒の間隔）の2乗に比例し、切れ刃密度に反比例します。また工作物速度や切り込みの0.5乗に比例し、砥石周速度や砥石径の0.5乗に反比例します。すなわち表1-3に示すように切れ刃密度や砥石周速度が高くなったり、砥石径が大きくなると、平均切りくず断面積が小さくなります。また工作物速度が高い場合や切り込みが大きいと、平均切りくず断面積が大きくなります。

❸研削条件と単一砥粒に作用する力

　研削力を切りくず断面積で割れば、工作物の破壊応力になります。ただしこの場合は寸法効果（サイズイフェクト、体積が小さくなると、含まれる欠陥も小さくなり、材料の理想強度に近づく効果）があるので、これを比研削抵抗（切りくずの単位面積あたりの接線研削抵抗）と呼んでいます。そのため平均切りくず断面積に工作物の比研削抵抗を掛ければ、単一砥粒に作用する力を予測することができます。表1-3に示したように、砥石周速度が高くなると、平均切りくず断面積が小さくなり、単一砥粒に作用する力が小さくなります。また切り込みが大きく、工作物速度が高い場合は、その値が大きくなります。

第1章 これだけは知っておきたい 研削加工の基礎

図1-35 | 平面研削時の平均切りくず断面積

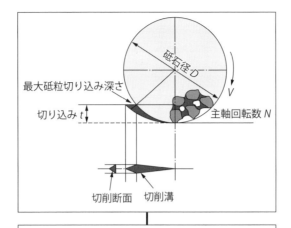

$$a = \frac{u}{l} = \mu^2 \frac{v}{V} t \cdot \frac{1}{\sqrt{tD}} = \mu^2 \frac{v}{V} \sqrt{\frac{t}{D}}$$

a：平均切りくず断面積　u：1個の切りくず体積
μ：砥粒間隔　V：砥石周速度　v：工作物速度
t：切り込み　D：砥石径　l：接触弧の長さ

表1-3 | 研削条件と単一砥粒あたりの研削力

研削条件	平均切りくず断面積	単一砥粒あたりの研削力
切れ刃密度が高くなる	小さくなる	小さくなる
砥石周速度が高くなる	小さくなる	小さくなる
工作物速度が高くなる	大きくなる	大きくなる
切り込みが増大する	大きくなる	大きくなる
砥石径が大きくなる	小さくなる	小さくなる

要点 ノート

砥石周速度、切れ刃密度、砥石径の増大に伴い、平均切りくず断面積が減少し、砥粒に作用する力も小さくなります。また工作物速度や切り込みが増大すると、平均切りくず断面積が大きくなり、砥粒に作用する力も大きくなります。

《2》研削時に発生する現象と基礎理論

砥粒間隔と有効切れ刃間隔

❶砥粒間隔

　研削力に関係する平均切りくず断面積は、砥石作業面における切れ刃密度に依存します。砥石作業面を拡大すると、図1-36に示すようになります。図において、隣接する平均的な砥粒の間隔を砥粒間隔と呼んでいます。この平均的な砥粒間隔が、砥石作業面における切れ刃密度に影響します。この場合、図1-37に示すように砥粒の突き出し高さが揃っている場合といない場合とでは、砥粒間隔が異なることに注意が必要です。

　この平均的な砥粒の間隔が小さくなると、切れ刃密度が高くなります。砥石作業面上の切れ刃密度が高くなると、研削時の表面粗さが小さくなり、また単一砥粒に作用する力も低減します。反面、チップポケットが小さいので、研削時に目づまりが発生しやすくなります。

❷有効切れ刃間隔

　有効切れ刃間隔は、連続切れ刃間隔とも呼ばれ、フライスの刃数に関係するものです。平面研削時のテーブル送り速度を一定とすれば、有効切れ刃間隔が大きいほど、刃あたりの送りが大きくなります。そのため砥粒に作用する力が増大し、砥粒が脱落しやすくなります。

　通常、カーボン紙などを用いて砥石面を転写し、この有効切れ刃間隔を求めます。しかしながら厳密には、その値は図1-37に示したように、砥石の深さ方向で異なっているので、3次元的な測定が必要になります。

❸砥石モデルと砥粒間隔および切れ刃密度

　研削砥石中の砥粒を球と仮定し、またその球が図1-38に示すような立方体配列で分布しているとしましょう。砥石単位体積中にn個の砥粒があるとすれば、球の体積のn倍が砥粒の占める割合となります。後で詳しく述べますが、砥石中に占める砥粒の割合は砥粒率と呼ばれ、組織番号で表示されます。

　球の体積×砥粒数＝単位体積×砥粒率となるので、砥石の単位面積における砥粒数が近似的な切れ刃密度となります。この場合、球の直径を平均砥粒径とします。そのためこのような砥石モデルを用いれば、平均的な砥粒間隔や切れ刃密度の定性的な傾向を知ることができます。

図 1-36 | 砥粒間隔と有効切れ刃間隔

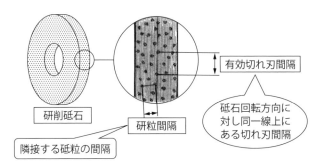

図 1-37 | 砥粒突き出し高さと砥粒間隔

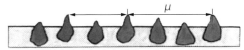

砥粒突き出し高さが揃っていない場合

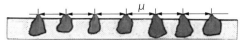

砥粒突き出し高さが揃っている場合

図 1-38 | 砥石モデルと砥粒間隔および切れ刃密度

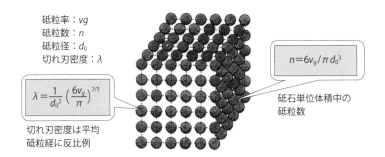

砥粒率：v_g
砥粒数：n
砥粒径：d_0
切れ刃密度：λ

$$n = 6v_g / \pi d_0^3$$

砥石単位体積中の砥粒数

$$\lambda = \frac{1}{d_0^2}\left(\frac{6v_g}{\pi}\right)^{2/3}$$

切れ刃密度は平均砥粒径に反比例

要点 ノート

砥粒間隔は隣接する砥粒の平均的な間隔で、有効切れ刃間隔は砥石回転方向に対し同一線上にある切れ刃の間隔です。通常、砥粒間隔よりも有効切れ刃間隔の方が長くなります。有効切れ刃間隔は連続切れ刃間隔とも呼ばれます。

2 研削時に発生する現象と基礎理論

高切り込み・低速研削と低切り込み・高速送り研削

❶除去速度

単位時間あたり、どの程度の工作物体積を除去できるのかを示すのが除去速度です。除去速度は、研削幅、工作物速度および切り込みの積となります。すなわち除去速度＝研削幅×工作物速度×切り込みです。ここで除去速度を研削幅で割った値は、砥石単位幅あたりの除去速度となり、工作物速度と切り込みの積となります。そのため高切り込みで低速送り研削しても、低切り込みで高速送り研削しても、除去速度は一定ですが、研削特性が異なります。

❷高切り込み・低速送り研削

図1-39に示す高切り込み・低速送り研削は、「クリープフィード研削」と呼ばれています。鋼材のクリープフィード研削の場合は、薄くて長いリボン状の切りくずが流出します。この研削では、表1-4に示すように、平均切りくず断面積が小さいので、砥粒に作用する力も小さく、砥石の摩耗も少なくなります。通常、この研削は、形状精度が問題となるドリルやエンドミルなどのフルート研削に多く適用されていますが、砥石と工作物間の接触弧の長さが大きいので、通常のアルミナ砥粒を用いた研削では研削焼けが発生しやすくなります。そのため、このようなクリープフィード研削には、熱に強いCBN（立方晶窒化ホウ素）ホイールが用いられます。また研削温度を下げるために、研削油剤を十分に供給することが大切です。

❸低切り込み・高速送り研削

低切り込み・高速送り研削は、通常、「ハイレシプロ研削」と呼ばれています。同様の研削は、スピードストローク研削と呼ばれることもありますが、多少、意味合いが異なり、これは平面研削時の砥石のオーバーランに要するアイドル時間を短縮する目的で用いられています。この低切り込み・高速送り研削の場合は、厚くて短い粉末状の切りくずが流出します。またこの研削の場合は、表に示したように、接触弧の長さが小さく、工作物表面の加熱時間も短いので、鋼材研削時に研削焼けが発生しにくく、熱損傷の少ない高品質の仕上げ面が得られます。しかしながら平均切りくず断面積が大きく、砥粒に作用する力も大きいので、砥石の摩耗が生じやすいという問題があります。

第1章　これだけは知っておきたい 研削加工の基礎

図 1-39　高切り込み・低速送り研削と低切り込み・高速送り研削 （写真：エレメントシックス）

高切り込み・低速送り研削	低切り込み・高速送り研削
・薄くて長いリボン状の切りくず ・砥粒の摩耗は小さいが、熱損傷が生じやすい ・クリープフィード研削	・厚くて短い粉末状の切りくず ・砥粒の摩耗は大きいが、熱損傷が発生しにくいハイレシプロ研削 ・スピードストローク研削

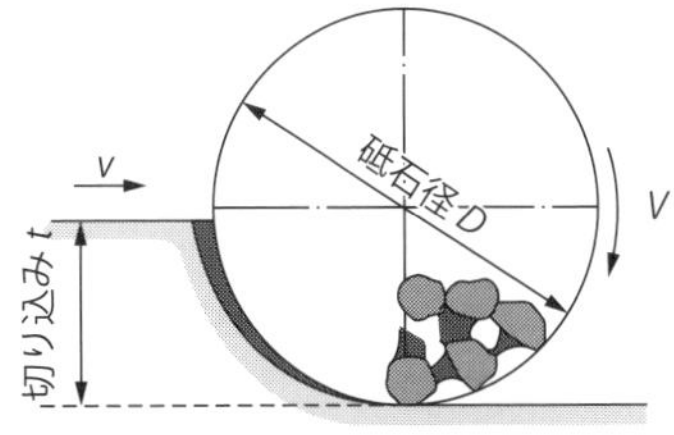

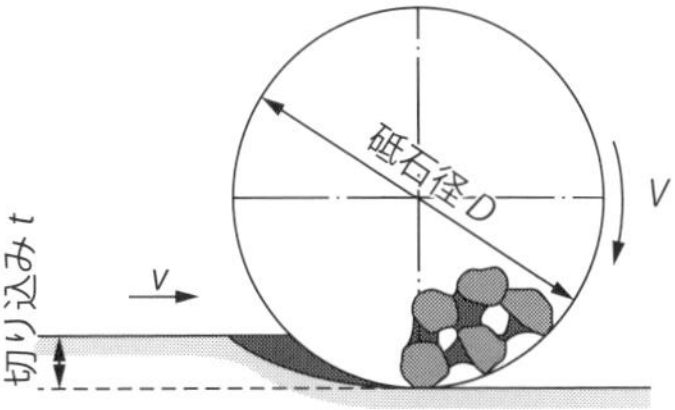

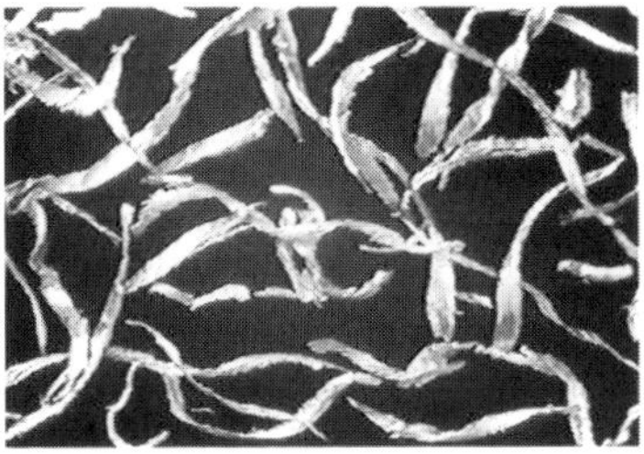

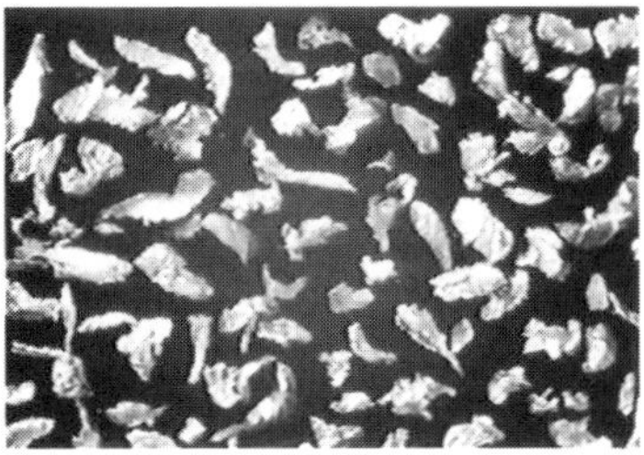

表 1-4　高切り込み・低速送り研削と低切り込み・高速送り研削の特性比較

研削特性	高切り込み・低速送り	低切り込み・高速送り
切りくず形状	薄くて長い	厚くて短い
接触弧の長さ	長い	短い
平均切りくず断面積	小さい	大きい
単一砥粒に作用する力	小さい	大きい
研削砥石の摩耗	少ない	多い
研削焼け・割れ	発生しやすい	発生しにくい

要点ノート

高切り込み・低速送り研削は「クリープフィード研削」と呼ばれ、ドリルやエンドミルなどのフルート研削に多く用いられています。また鋼材の低切り込み・高速送り研削では、熱損傷の少ない仕上げ面が得られます。

2 研削時に発生する現象と基礎理論

研削時の作用硬さとは

❶砥石周速度と研削形態

よく熟練技能者は、砥石の周速度が高いと「結合度が硬く作用する」、反対に低いと、「柔らかく作用する」という表現を用います。研削砥石は均質組織ですから、結合度（砥粒と砥粒を結びつける力）は一定のはずです。そのため結合度が硬く作用するという表現は作用硬さを意味するといえます。

図1-40に示す両頭グラインダを用いたバイト研削の例では、新品で砥石の直径が大きい場合は、その周速度が高くなり、砥石摩耗は少ないものの、切れ味が悪く、強く押しつけないと研削できません。このことを「砥石が硬く作用する」と表現すると考えられます。また砥石が摩耗し、その直径が小さくなると、砥石周速度も低くなり、目替わりが活発化します。この場合、砥石の切れ味は良いが、摩耗量も多く、また寸法精度や形状精度を維持するのが難しくなります。このような現象を「結合度が柔らかく作用する」と表現します。

❷砥粒の脱落確率と作用硬さ

研削力／砥粒保持力、すなわちf/fcは砥粒の脱落する確率で、図1-41に示すように、その値が1に近づく場合が目こぼれ形研削となり、また0に近づく場合が目つぶれ形研削となります。砥石の周速度が高くなると、平均切りくず断面積が小さくなり、砥粒に作用する研削力も小さくなります。この場合、fcの値は一定で、fの値が小さくなり、f/fcの値が0に近づくので、目つぶれ形の研削になりやすく、砥石の切れ味が悪くなります。このように砥粒の脱落確率が0に近づく場合を結合度が硬く作用すると、また反対にその確率が1に近づく場合を柔らかく作用すると表現することになります。したがって作用硬さは砥粒の脱落確率で示すことができるといえます。

❸研削条件と作用硬さ

表1-5に示すように、研削条件が異なると、平均切りくず断面積が変化し、砥粒に作用する研削力にも差異が生じます。その結果、砥粒の脱落確率が変化し、目こぼれ形研削になったり、目つぶれ形研削になったりします。そのため、研削時に砥石の切れ味が悪く、砥石が硬く作用していると思えたら、目こぼれ形研削になるような方向に研削条件を変化すればよいことになります。

図 1-40 両頭グラインダによるバイトの研削

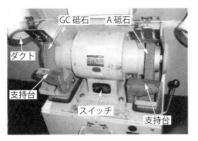
両頭グラインダ

超硬バイトの研削

図 1-41 砥粒の脱落確率と作用硬さ

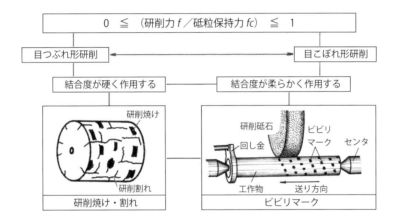

表 1-5 研削条件と作用硬さ

研削条件	平均切りくず断面積	砥粒あたりの研削力	研削形態の方向
切れ刃密度が高くなる	小	小	目つぶれ
砥石周速度が高くなる	小	小	目つぶれ
工作物速度が高くなる	大	大	目こぼれ
切り込みが増大する	大	大	目こぼれ
砥石径が大きくなる	小	小	目つぶれ

要点 ノート

研削力を砥粒保持力で割った値は砥粒の脱落する確率で、その値が 0 に近づく場合が結合度が硬く作用し、また 1 に近づく場合が柔らかく作用することになります。作用硬さは砥粒の脱落確率で示すことができます。

2 研削時に発生する現象と基礎理論

目つぶれ形研削と研削現象

❶研削抵抗と研削焼けの発生

　鋼材を研削していると、砥石作業面上の切れ刃が平滑化、鈍化して切れ味が悪くなります。そのため図1-42に示すように研削の進行とともに、研削抵抗が大きくなり、そして図中の工作物の研削面に研削焼けが発生すると急激に増大します。通常、この研削抵抗の急激な上昇点をもって研削砥石の焼け形寿命としており、切れ味を回復するために、目直し（ドレッシング）をします。この目直しから再目直しまでの間隔（ドレッシングインターバル）を、「焼け形寿命」あるいは「目つぶれ形寿命」と呼んでいます。

　この研削抵抗の急激な上昇は、その背分力（法線分力）に顕著に表れますが、現場的にその適切な測定方法がないのが問題です。研削抵抗の主分力（接線分力）は微少電力計などで測定可能ですが、研削抵抗の急激な上昇は微少電力の顕著な変化として現れません。そのため現場的には、技能者の経験に基づき、砥石寿命が判断されているのが現状です。

❷目つぶれ形研削とビビリ振動の発生

　鋼材を平面研削すると、図1-43に示すように工作物の両端部近傍にビビリマークや研削焼けが発生することがあります。平面研削時に砥石作業面上の切れ刃に目つぶれが生じ、平滑化して、その切れ味が悪くなると、切れ刃が工作物に食いつきにくくなります。そのため工作物端面で砥石軸が跳ね上がり、そしてその固有振動数で振動し、減衰します。この砥石軸の振動と減衰運動により、工作物の両端部近傍にビビリマークや研削焼けを生じます。ビビリマークや研削焼けのピッチは、砥石軸の振動周期と工作物の送り速度により決定されます。このようなビビリマークは砥石のアンバランスや偏摩耗によって生じる強制振動によるものとは異なり、工作物の両端部にしか現れないのが特徴です。

❸目つぶれ形研削への対応

　目つぶれ形研削では、砥石の摩耗量は少ないが、砥石の切れ味が悪く、そのため研削抵抗が大きく、研削温度も高いので、研削焼けが発生しやすくなります。このような目つぶれ形研削の場合は、砥石の選択、ドレッシング方法およ

び研削液のかけ方などを見直し、そして研削時の砥石作用硬さが柔らかく作用する方向に研削条件を変更してください。

図 1-42 | 研削抵抗と研削焼けの発生

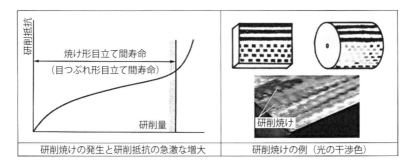

図 1-43 | 砥石軸の跳ね上がりに伴う研削現象

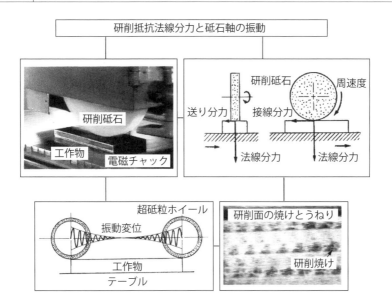

要点 ノート

鋼材の研削過程で、研削砥石の切れ味が悪くなると、ある時点で研削抵抗が急激に増大します。通常、この時点をもって焼け形寿命と判断します。また平面研削では工作物両端で砥石軸が跳ね上がり、ビビリマークなどが発生します。

2 研削時に発生する現象と基礎理論

目こぼれ形研削と研削現象

❶研削砥石の摩耗と目こぼれ形寿命

　研削過程において、砥石作業面上の切れ刃が平滑化すると、砥粒に作用する研削力が増大し、その値が砥粒の保持力を超えると、砥粒の脱落、すなわち目こぼれを生じます。**図1-44**に平面研削におけるストローク数と研削抵抗および砥石摩耗（半径減）の関係を示します。研削開始時点において砥石摩耗が急激に増大しますが、これが初期摩耗で、ドレッシング直後の切れ刃のチッピングや不安定な砥粒の脱落に起因するものです。

　その後、研削の進行にともない、砥石摩耗量はほぼ直線的に増大し、研削抵抗も大きくなります。研削抵抗が十分に大きくなると、砥石摩耗量が急激に増大します。すなわちこの時点から目こぼれが発生したことになります。すると目替わりにより、砥石の切れ味が回復し、研削抵抗が低下します。研削抵抗の急激な低下はその法線分力に顕著に表れます。通常、研削抵抗の急激な低下時点をもって「目こぼれ形砥石寿命」とします。

❷研削砥石の偏摩耗と強制振動の発生

　研削過程で、研削砥石に目こぼれが発生し、その切れ味が回復しますが、砥粒の脱落現象が砥石の外周面で均一に起こればよいのですが、通常、砥石には組織ムラがあるので、**図1-45**に示すような偏摩耗が発生します。このような砥石の偏摩耗が生じると、研削面にうねりが発生し、また表面粗さも悪化します。そして砥石回転数の整数倍の周期をもつ強制振動が発生し、研削面全体にビビリマークが生じます。このような現象が研削開始時点より生じる場合が目こぼれ形研削で、目替わりにともない常に砥石内部より新しい切れ刃が生じるので、研削抵抗が小さく、鋼材研削時の研削焼けの発生も生じにくくなります。反面、砥石に偏摩耗が生じるので、研削面にビビリマークが発生しやすく、また寸法精度や形状精度の維持も困難となります。

❸目こぼれ形研削への対応

　目こぼれ形研削は、砥粒の保持力に対して研削力が大きい場合に生じるので、このような場合は、砥粒保持力の大きな砥石に変え、また切り込みや工作物速度など、研削条件を変更し、砥粒に作用する研削力を低減します。

図 1-44 平面研削過程における研削抵抗と砥石摩耗

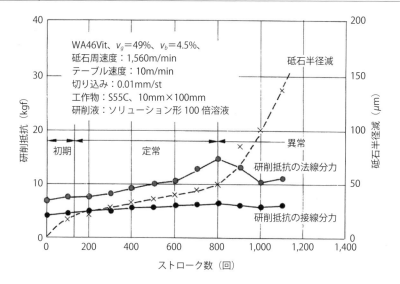

図 1-45 砥石の偏摩耗と強制振動の発生

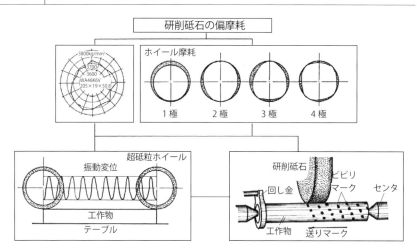

要点 ノート

目こぼれ形砥石寿命が 0 の場合で、研削開始時点より目こぼれが発生するのが目こぼれ形研削です。このような目こぼれ形研削の場合は、砥石に偏摩耗が生じ、強制振動とともに、工作物の研削面全体にビビリマークが発生します。

2 研削時に発生する現象と基礎理論

最大砥粒切り込み深さ

❶最大砥粒切り込み深さ

　図1-33に示したように、研削加工をフライス削りに例えた場合、フライスの1刃あたりの切り込みに相当するものを砥粒切り込み深さといい、その最大の深さを最大砥粒切り込み深さと呼んでいます。最大砥粒切り込み深さは、図1-36に示した有効切れ刃間隔に依存します。砥石作業面上の砥粒切れ刃の配列は不規則なので、有効切れ刃間隔にもバラツキがあり、研削時の砥粒切り込み深さは必ずしも一定ではありません。

　通常、鋼材の研削時に砥粒に作用する力を求めるような場合には、平均切りくず断面積を用いますが、硬くて脆いセラミックスやガラスなどの研削の場合には、研削表面に発生するき裂（クラック）との関連で、砥粒の切り込み深さが問題となります。このような硬脆材料の場合には、クラックのもっとも大きなものが、その強度に影響するので、最大砥粒切り込み深さの大小が非常に重要になります。

❷研削条件と最大砥粒切り込み深さ

　最大砥粒切り込み深さは研削条件に依存します。図1-46に示すように最大砥粒切り込み深さは、平面研削の場合、有効切れ刃間隔に比例します。この場合、有効切れ刃間隔は、砥石作業面上でバラツキをもち、その最大長さの時に砥粒切り込み深さがもっとも大きくなります。また有効切れ刃間隔は図1-37に示したように、砥粒の突き出し高さのバラツキに依存するので、その高さをそろえることにより最大砥粒切り込み深さを低減することができます。

　表1-6に研削条件と最大砥粒切り込み深さとの関連を示します。平面研削時の最大砥粒切り込み深さは、工作物速度や切り込みの増大にともない大きくなり、また砥石周速度や砥石径の増大にともない小さくなります。そのため、最大砥粒切り込み深さを低減するには、大きな直径の砥石を用いて高速で研削すればよいことになります。また工作物速度を低くし、同時に切り込みを小さくすれば、最大砥粒切り込み深さも小さくなります。このような研削条件と最大砥粒切り込み深さとの関係は、とくにセラミックスやガラスなどの硬脆材料の研削において大切になるので、覚えておいてください。

図1-46 最大砥粒切り込み深さ

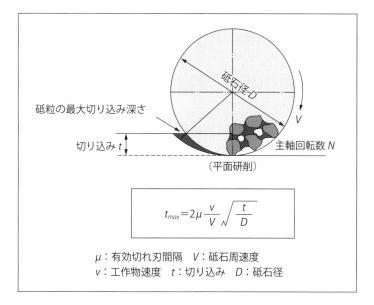

$$t_{max} = 2\mu \frac{v}{V} \sqrt{\frac{t}{D}}$$

μ：有効切れ刃間隔　V：砥石周速度
v：工作物速度　t：切り込み　D：砥石径

表1-6 研削条件と最大砥粒切り込み深さ

研削条件	最大砥粒切り込み深さの増減
有効切れ刃間隔の増大	増　大
砥石周速度の増大	減　少
工作物速度の増大	増　大
切り込みの増大	増　大
砥石径の増大	減　少

要点 ノート

通常、鋼材などの延性材料の研削には、砥粒間隔に依存する平均切りくず断面積が用いられ、セラミックスやガラスなどの硬脆材料には、有効切れ刃間隔に依存する最大砥粒切り込み深さが適用されています。

2 研削時に発生する現象と基礎理論

硬脆材料の臨界押し込み深さ

❶圧子押し込み時のき裂（クラック）の発生

各種セラミックスにビッカース圧子を押し込むと、図1-47に示すように圧痕の周りにき裂が発生します。鋼材などの延性材料の場合は、圧子を押し込んでも、圧痕が生じるだけで、このようなき裂は発生しません。セラミックスやガラスなどの硬脆材料の研削の場合は、このようなき裂の発生が問題となります。同じ条件下でビッカース圧子を押し込んでも、ホットプレス炭化ケイ素（HPSC）やアルミナ（AL_2O_3）の場合は、発生したき裂が長く、ホットプレス窒化ケイ素（HPSN）が中間で、ジルコニア（ZrO_2）がもっとも短くなります。このような圧子押し込み時の発生したき裂の長さの違いは、セラミックスの機械的特性の差異によるものです。

❷ビッカース圧子押し込み時のセラミックスの変形

図1-48は窒化ケイ素に圧子を押し込んだ時の圧痕の周りに生じるき裂です。この場合は超音波顕微鏡を用いてき裂長さを測定しています。このようなき裂の発生状況を横から見てモデル化したのが図1-48です。

圧子をセラミックスに押し込むと、その圧子先端の下にき裂が発生します。セラミックスの研削においては、このようなき裂が部品の強度に影響するので、問題となります。このようなき裂が発生し始める臨界押し込み深さを、通常、「Dc値」と呼んでいます。

❸臨界押し込み深さ

表1-7は各種セラミックスの機械的特性と臨界押し込み深さ（g）の関係を示しています。この場合、靱性（破壊靱性）はき裂の伝播に対する抵抗力と考えてよいでしょう。破壊靱性の大きなジルコニアや窒化ケイ素（Si_3N_4）は臨界押し込み深さが大きく、反対に小さなシリコン（Si）、アルミナおよび炭化ケイ素（SiC）では小さくなります。とくに破壊靱性がもっとも小さなシリコンの場合は、臨界押し込み深さも0.09μmと非常に小さくなります。この値は1ミクロン以下なので、シリコンをクラックフリー研削する場合は、砥粒の切り込み深さを1ミクロン以下に制御する必要があるので、通常「サブミクロン研削」と呼ばれています。

第1章 これだけは知っておきたい 研削加工の基礎

図1-47 | 各種セラミックスの圧子押し込み時のき裂の発生状況

HPSC 50 μm

Al_2O_3 100 μm

HPSN 100 μm

ZrO₂ 100 μm

図1-48 | 圧子押し込み時の変形モデル

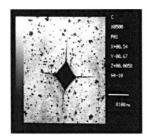
圧子押し込み時の窒化ケイ素のき裂

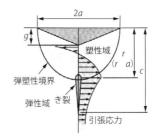
圧子押し込み時の変形モデル（安永）

表1-7 | ビッカース圧子押し込みによるき裂発生の臨界条件 [13]

材料	ヤング率 E [GPa]	ポアソン比 ν	硬さ HV	靭性 K_{1C} [MPam$^{1/2}$]	臨界条件式 g [μm]	p [N]
SiC	400	0.16	2,500	2.5	0.15	0.015
Si_3N_4 (1)	300	0.27	1,700	4.8	1.08	0.53
Si_3N_4 (2)	300	0.27	1,700	10.0	4.7	9.93
Al_2O_3	370	0.22	1,700	3.5	0.47	0.098
ZrO_2	200	0.27	1,400	7.0	4.2	6.52
Si (100)	170	0.2	1,000	0.8	0.09	0.002

要点 ノート

砥粒をビッカース圧子で近似した場合、ガラスやセラミックスなどの硬脆材料の時には、その臨界押し込み深さが問題になります。通常、破壊靭性の大きなセラミックスはその値も大きく、また小さなものはその値も小さくなります。

〈2 研削時に発生する現象と基礎理論

延性モード研削と脆性モード研削

❶各種セラミックスの研削面

　セラミックスやガラスなどの硬脆材料の研削面は、鋼材などの延性材料のそれとは異なります。図1-49に示すように、破壊靱性の小さな炭化ケイ素（SiC）やアルミナ（Al_2O_3）の研削面は破砕面となっています。破壊靱性が中間的な窒化ケイ素（Si_3N_4）は破砕面と条痕面が混在した面で、その値がもっとも大きなジルコニア（ZrO_2）は条痕面となっています。そこで炭化ケイ素やアルミナのように加工面が破砕面になるような場合を「脆性モード研削」、ジルコニアのような条痕面となる場合を「延性モード研削」と呼んでいます。

❷定圧研削時のセラミックスの除去速度

　単位時間あたりの研削量を除去速度とすれば、その値は研削圧力（単一砥粒あたりの力）に依存し、図1-50に示すように、研削圧力が低く、砥粒に作用する力が小さい場合は、砥粒は工作物表面を上滑りするので、除去速度は0です。そしてその力が大きくなり、工作物の硬さに依存する研削開始荷重（圧力）に達すると、研削が始まり、除去速度が上昇し、さらに大きくなると、砥粒が工作物を研削するようになり、除去速度はその力に比例して増大します。そして単一砥粒に作用する力が十分大きくなり、その値が工作物の破壊靱性などに依存する破砕開始荷重（圧力）に達すると、破砕面となり、除去速度は急激に増大します。このような現象は、最大砥粒切り込み深さ（t_{max}）が工作物の臨界押し込み深さ（g値）を超えた場合に生じると考えることができ、そして研削開始荷重から破砕開始荷重までの範囲を延性モード研削領域と、破砕開始荷重を超える範囲を脆性モード研削領域と見なすことができます。

❸延性モード研削と脆性モード研削

　通常、砥粒の臨界押し込み深さ（g）はDc値と呼ばれています。そのため図1-46で示した最大砥粒切り込み深さt_{max}がDc値以下の場合が延性モード研削になり、その値がDc値を超えると脆性モード研削になると考えられます。

　図1-51は光学ガラスと窒化ケイ素の延性モード研削面と脆性モード研削面ですが、研削時の最大砥粒切り込み深さをこれら硬脆材料のDc値以下に制御すれば、鋼材と同様な研削面が得られることになります。

第1章 これだけは知っておきたい 研削加工の基礎

図 1-49 | 各種セラミックスの研削面

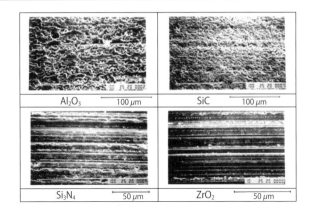

図 1-50 | 単一砥粒に作用する力と除去速度

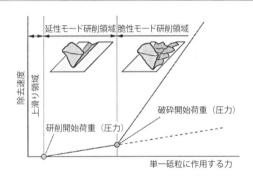

図 1-51 | 光学ガラスと窒化ケイ素の延性モード研削面と脆性モード研削面

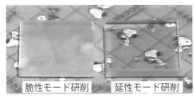

光学ガラスの研削面 (大森)

窒素ケイ素の研削面 (大森)

要点 ノート

セラミックスやガラスのような硬脆材料を研削すると、条痕面になったり、破砕面になったりします。鋼材と同様な条痕面になる場合を「延性モード研削」、また破砕面となる場合を「脆性モード研削」と呼んでいます。

コラム

● 次世代への研削加工技術・技能の継承 ●

　研削加工は基盤加工技術で、自動車、工作機械、軸受および半導体産業などを支えています。また一口に研削加工といっても多くの種類があり、それぞれ研削砥石と工作物の接触状態が異なります。そのため使用する研削砥石も研削条件にも差異があります。そして研削作業におけるトラブルの大部分が砥石選択の誤りといわれており、その選択は熟練技能者の経験に依存しています。

　以前は、工場に神様といわれるこのような熟練技能者がいて、その技能が自然と若い人たちに継承されていました。しかし最近は、そのそのような熟練技能者が退職し、その技能が工場内で継承されなくなっており、加えて現場に指導者がいなくて、現場力が弱まっているという声をよく耳にします。また大学などにおいても、研削加工の実習・実験がほとんど行われておらず、その研究者も少なくなっているのが現状です。そして私が育った大田区は京浜工業地帯の下請けが密集しており、モノづくりの集積地域でしたが、最近は後継者不足で、優良企業が廃業しているという話です。日本のモノづくりはこのような優良中小企業が支えてきたのに非常に残念なことです。

　日本を代表する自動車産業などは、コンピュータ技術の発展とともに自動化され、大量生産の時代になっています。このような自動化された大量生産は人件費の安い海外にますます移るでしょう。そして今後、日本が試作開発などの多品種・少量生産に向かうと、熟練技能の必要性がますます高まると思います。このような試作開発は、ほとんどコア技術を有する優良中小企業が支えてきたので、その基盤加工技術をいかに継承するかが問題になると思われます。

　筆者はコンピュータ技術を用いた大量生産を否定するつもりはありませんが、そのベースとなっている各種汎用機を用いた研削技術も重要で、その技術をいかに継承するかが問題だと考えています。工作機械はMachine Toolで機械化された工具です。コンピュータも道具なので「ソフトがなければただの箱」です。NC（数値制御）工作機械を使いこなすのは人で、そのソフト作成のベースとなっているのが汎用機に関する知識と熟練技能です。

　研削加工は日本を代表する自動車、工作機械、軸受、金型および半導体などの基盤産業を支えているので、この熟練技能を今後、いかに継承するかがますます重要になると思います。

【第2章】
研削加工の準備・段取り作業を始めよう！

1 研削砥石とその選択

研削砥石の内容の表示

❶研削砥石の3要素5因子

　研削作業においては、作業目的に応じた最適な研削砥石が選択できれば、その作業の約80%が終わったといわれています。作業目的に応じた砥石選択にあたっては、刃物である砥石のことをよく知っておくことが大切です。一般的な研削砥石は、図1-2（9頁）に示したように、砥粒、結合剤および気孔より構成されています。これらが砥石を構成する3要素です。また**図2-1**に示すように砥粒の種類、粒度、結合剤の種類、結合度および組織を「研削砥石の性能を示す5因子」と呼んでいます。

　図1-38（41頁）に示したように、砥石単位体積中に占める砥粒率（砥粒の体積割合）をVg、結合剤率をVbおよび気孔率をVpとすれば、$Vg + Vb + Vp = 1$となります。そしてJIS規格では、砥粒率を組織という記号で示しています。また結合剤率は、結合剤の成分が砥石メーカにより、多少、異なるので、間接的に結合度という記号で示しています。そのため気孔率は、砥粒率と結合剤率が既知でであれば、自動的に求まることになります。

❷砥石のラベルと内容の表示

　研削砥石には**図2-1**に示すようなラベルが貼ってあります。このラベルはパッキンの役割を果たしているので、剥してはいけません。このラベルにおいて、WAが砥粒の種類、46が粒度、Hが結合度、Vが結合剤の種類を示します。ここでは組織記号が記されていませんが、中間の場合は省略してよいことになっています。またMAX2000 M/MINは最高使用周速度を示しています。

❸研削砥石の内容の表示

　図2-2に研削砥石の内容の表示方法を示します。図における1号平形は砥石の形状、Aは縁形、305×25×127.00は砥石の寸法で、外形×幅×内径を示します。またWAは砥粒の種類、60は粒度、Kは結合度、6は組織、Vは結合剤の種類、8Jは結合剤の細分記号および2000は最高使用周速度です。そして結合剤の細分記号は、表示が同じ結合剤であっても、砥石メーカによりその成分が、多少、異なっていることを示しています。研削作業にあたってはこれらの内容をよく理解しておくことが大切です。

第2章 研削加工の準備・段取り作業を始めよう！

図 2-1 | 研削砥石の三要素 5 因子

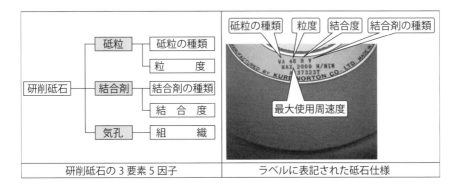

| 研削砥石の 3 要素 5 因子 | ラベルに表記された砥石仕様 |

図 2-2 | 研削砥石の内容の表示

1号平形	A	305×25×127.00	WA	60	K	6	V	8J	2,000
形状(Shape)	縁形(Face)	寸法(Size)	砥粒(Kind of Abrasive)	粒度(Grain Size)	結合度(Grade)	組織(Structure)	結合剤(Type)	細分記号	最高使用周速度(Max.Speed)
1号 平形	A	外径×厚さ×穴径	A	8	A	0	V ビトリファイド	結合剤の	(1,400)
2号 リング形	B	3片テーパ形	WA	10	B	1	B レジノイド	細分記号	1,500
3号 ディスク形	C	以降は細部寸法	PA	12	C	2 密	BF レジノイド	(補強入)	(1,700)
5号 片へこみ形	D	たは図面をご指示	HA	14	D	3	R ゴ ム		1,800
6号 ストレートカップ形	E	ください	C	16	E	4	RF ゴム補強入		2,000
7号 両へこみ形	F		GC	20	F	5	〔特殊結合剤〕		(2,100)
11号 テーパカップ形	N			24	G	6	S シリケート		(2,300)
12号 さら形	M			30	H 軟	7 中	Mg マグネシア		2,400
13号 のこ用さら形	P			36	I	8	E シェラック		2,700
16号～19号 砲弾形				46	J	9	M メタル		3,000
20号～26号 逃げ付き形				54	K	10			(3,400)
27号、28号 オフセット形				60	L	11			3,600
切断砥石				70	M 中	12 粗			(3,800)
軸付き砥石				80	N	13			(4,300)
A角砥石				90	O	14			4,800
C角砥石				100	P				(5,400)
ホーニング砥石				120	Q				6,000
超仕上げ砥石				150	R 硬				
ゼグメント砥石				180	S				
				220	T				※カッコ内は
					U				特定の周速
					V				度であり
					W				なるべく使
					X				用しない
					Y				
					Z				

要点 ノート

研削砥石の研削性能は、砥粒、結合剤および気孔の3要素と、砥粒の種類、粒度、結合剤の種類、結合度および組織の5因子で表示されます。研削作業にあたってはこれらの内容をよく理解しておくことが大切です。

1 研削砥石とその選択

代表的な研削砥石の形状と縁形

❶研削砥石の代表的な形状

　研削砥石は使用する研削盤の種類に応じて、いろいろな形状のものが準備されており、それぞれその使用面が決まっているので、その面以外を使用するのはやめましょう。

　図2-3に示す1号平形砥石は、外周面を使用する面とする円筒形状のもので、円筒研削、横軸平面研削および工具研削などに用いられます。2号リング形砥石はパイプ状の円筒側面を使用する面としたもので、立軸平面研削などに用いられます。また6号ストレートカップ砥石は、深い凹面をもつもので、その側面を使用面としています。この砥石は立軸平面研削や工具研削などに使用されます。

　通常、円筒研削には、単純形状の1号平形砥石を用います。研削砥石は圧縮力には強いのですが、曲げに弱いので、幅の薄い平形砥石の「側面の使用は禁止」されています。円筒研削で、工作物の端面を加工する場合には、砥石幅の大きな5号片へこみ形や7号両へこみ形の研削砥石を用います。しかしながら5号片へこみや7号両へこみ形砥石は、1号平形砥石と比較し、価格が高いので、工作物の端面の研削が必要ない場合は、できるだけ単純形状の砥石を選択しましょう。

　11号テーパカップ砥石は円筒カップ状の形状のもので、その深い凹面のある側面を使用面とした砥石で、また12号さら形砥石は、縁を使用面としたさら状のもので、これらは主に工具研削に用いられます。

　このように砥石の形状は使用する研削盤の種類により決まり、ビトリファイド砥石の場合、その詳細はJIS規格のR6210で、また円筒研削用砥石はR6211-1、外面心なし研削用砥石はR6211-2、内面研削用砥石はR6211-3、横軸平面研削用砥石はR6211-4、立軸平面研削用砥石はR6211-5、そして工具研削用砥石はR6211-6vにそれぞれ規定されています。

❷研削砥石の代表的縁形

　図2-4の研削砥石の縁形は、その縁の形状を示すもので、使用する目的に応じて選択されます。

図 2-3 代表的な研削砥石の形状

(1 号平形砥石)

(2 号リング形砥石)

(5 号片へこみ形砥石)

(6 号ストレートカップ形砥石)

(7 号両へこみ形砥石)

(11 号テーパカップ形砥石)

(12 号さら形砥石)

図 2-4 研削砥石の代表的な縁形

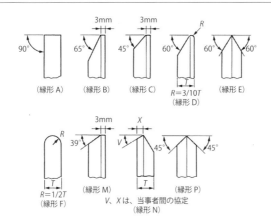

要点 ノート

研削砥石は用途によりその形状が決まっています。横軸平面研削や円筒研削には平形砥石が、立軸平面研削にはリング状砥石が、そして工具研削には平形、カップ形およびさら形砥石が用いられます。

1 研削砥石とその選択

超砥粒ホイールの仕様の表示

❶研削砥石と超砥粒ホイール

　研削砥石も超砥粒ホイールも研削工具であることに変わりはありません。しかし構造上、多少の違いがあります。図2-5に示すように、研削砥石は全体が砥石3要素で構成される均一組織であるのに対し、超砥粒ホイールは、通常、アルミニウム製の台金と砥粒層とにより構成されています。このような構造上の違いがあるため、超砥粒ホイールの仕様の表示方法が、研削砥石とは異なっています。

❷台金に刻印された超砥粒ホイールの内容

　研削砥石の場合、その内容はラベルに表示されています。一方、超砥粒ホイールの場合は、通常、台金上に刻印されています。図2-6は超砥粒ホイールの台金上に刻印された内容の表示例です。この場合、CBが砥粒の種類、140が粒度、Nが結合度、125がコンセントレーション、BSP2がボンドの種類、そして3.0が砥粒層の厚さです。研削砥石の場合は、砥石中に含まれる砥粒の体積分率は組織記号で表示されますが、超砥粒ホイールではコンセントレーションとなります。

❸超砥粒ホイールの内容の表示方法

　図2-7に示すように、超砥粒ホイールの内容は、砥粒の種類、粒度、結合度、コンセントレーション、結合剤（ボンド）の種類、結合剤の特徴および砥粒層の厚みで表示されます。

　砥粒の種類は、天然ダイヤモンド（D）、人造ダイヤモンド（SD）、金属被覆した人造ダイヤモンド（SDC）、立方晶窒化ホウ素（CBN）および金属被覆した立方晶窒化ホウ素（CBNC）の5種類で示されます。しかしながら、最近は天然ダイヤモンドはほとんどありません。粒度は16～3000メッシュで、また結合度はH～Tまでのアルファベットで示されます。コンセントレーションは50～150までの5種類、結合剤は、レジン、メタル、ビトリファイドの4種類、そして砥粒層の厚みは1.5～3.0 mmの3種類で表示されます。しかし最近は、円筒研削やカム研削などで、規格にないコンセントレーションが200のCBNホイールが多く用いられています。

図 2-5 | 研削砥石と超砥粒ホイール

研削砥石　　　　　　超砥粒ホイール

図 2-6 | 台金に刻印された超砥粒ホイールの仕様

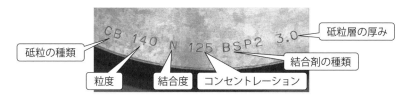

- 砥粒の種類
- 粒度
- 結合度
- コンセントレーション
- 結合剤の種類
- 砥粒層の厚み

図 2-7 | 超砥粒ホイールの内容の表示方法

SD　200　N　100　B　N － 3.0

砥粒の種類	粒度	結合度	コンセントレーション	結合剤	結合剤の特徴	砥粒層厚み
D：天然ダイヤモンド SD：人造ダイヤモンド SDC：金属被覆した合成ダイヤモンド CBN：立方晶チッ化ホウ素 CBNC：金属被覆した立方晶チッ化ホウ素	16メッシュ 〜 3,000メッシュ	H J（軟） L N（中） P R T（硬）	ct/cm^3 50＝2.2 75＝3.3 100＝4.4 125＝5.5 150＝6.6	B：レジン M：メタル V：ビトリファイド P：電着	ボンドの特徴をメーカ固有の記号または数字で示す	1.5mm 2.0 3.0

要点 ノート

超砥粒ホイールの内容は、砥粒の種類、粒度、結合度、コンセントレーション、結合剤（ボンド）の種類および砥粒層の厚みで表示されます。通常、これらの内容は、超砥粒ホイールの台金上に刻印されています。

1 研削砥石とその選択

砥粒の種類とその選択

❶アルミナ質砥粒・炭化ケイ素質砥粒とその選択

　研削加工の場合、まず最初に加工図面を見て、工作物の材質や熱処理の有無などに基づいて、使用する研削砥石の砥粒の種類を決定します。

　アルミナ質砥粒の場合、**表2-1**に示すように、一般鋼材ならば、純度の低いA砥粒（褐色）を、また焼き入れ鋼や合金鋼などの場合は、まず最初に純度の高いWA砥粒（白色）を選択します。この砥粒で良好な作業ができない場合は、次に酸化クロムを含む淡紅色をしたPA砥粒、そして単結晶解砕形のHA砥粒を使用します。理由は、WA砥粒と比較し、PA砥粒やHA砥粒は価格が高いためです。また炭化ケイ素質砥粒の場合は、一般的な非鉄、非金属および鋳鉄などの精密研削には、純度が低く、黒色をしたC砥粒を、また超硬合金の研削には、純度が高く、緑色をしたGC砥粒を用います。

❷ダイヤモンド砥粒とその選択

　一口にダイヤモンド砥粒といっても、**表2-2**のように多くの種類があります。人造ダイヤモンド砥粒は、低衝撃強度、中衝撃強度および高衝撃強度のものに区分けされ、適用されるボンドの種類が異なっています。ダイヤモンド砥粒は非常に硬いが熱に弱い（約600℃）という特性があります。そのため、通常、破砕性の高いダイヤモンド砥粒は非鉄金属、ガラス、セラミックスなどの精密研削に、また破砕性の低い高衝撃強度砥粒は、岩石やコンクリートなどの高能率研削に用いられます。そして超硬合金の研削には、低衝撃強度ダイヤモンド砥粒の破砕性とボンドとの保持性を改善した金属被覆のもの（SDC）が適用されています。

❸立方晶窒化ホウ素砥粒とその選択

　立方晶窒化ホウ素（cBN）砥粒は、硬さはダイヤモンド砥粒に劣るが、耐熱性（約1300℃）に優れているという特性があります。**表2-3**に示す破砕性の高いタイプⅠ砥粒は、そのボンドとして、ビトリファイド、メタルおよび電着が、また金属被覆したタイプⅡ砥粒（CBNC）にはレジンが使われ、焼き入れ鋼材や合金鋼などの精密研削に適用されます。また破砕性が低く、靱性の高いcBN砥粒、500と550は焼き入れ鋼材などの高能率研削に適用されています。

表 2-1 砥粒の種類と性状および用途（JIS R6111 参照）

区分	種類	記号	性状	色調	用途
アルミナ質研削材	かっ色アルミナ質研削材	A	アルミナ質鉱石を電気炉で溶融還元してアルミナ分を高くし、凝固させた塊を粉砕整粒したもので、若干量の酸化チタニウムを含むかっ色のコランダム結晶および非晶質部分からなる	褐色	一般鋼材自由研削 生鋼材精密研削
	白色アルミナ質研削材	WA	高純度アルミナを電気炉で溶融し、凝固させた塊を粉砕整粒したもので、純粋な白色コランダム結晶からなる	白色	合金鋼、工具鋼焼入鋼材、精密研削、軽研削
	淡紅色アルミナ質研削材	PA	アルミナ質原料に若干量の酸化クロムその他を加え電気炉で溶融し、凝固させた塊を粉砕整粒したもので、淡紅色のコランダム結晶からなる	桃色	合金鋼、工具鋼焼入鋼材、精密研削
	解砕型アルミナ質研削材	HA	アルミナ質原料を電気炉で溶融し、凝固させた塊を通常の機械的粉砕によらない方法で解砕し整粒したもので、主として単一結晶のコランダムからなる	灰白色	合金鋼、工具鋼焼入鋼材、精密研削
炭素ケイ素質研削材	黒色炭化ケイ素質研削材	C	酸化ケイ素質原料と炭素材とを電気抵抗炉で反応させたインゴットを粉砕整粒したもので、黒色の炭化ケイ素結晶からなる	黒色	非鉄、非金属材料、鋳鉄、精密研削
	緑色炭化ケイ素質研削材	GC	高純度の酸化ケイ素質原料と炭素材とを電気抵抗炉で反応させたインゴットを粉砕整粒したもので、緑色の炭化ケイ素結晶からなる	緑色	超硬合金の研削

表 2-2 主なダイヤモンド砥粒の特徴と用途 (GE 社)

砥粒の種類	特徴	ボンド	用途
低衝撃強度砥粒	破砕性の高い砥粒	ビトリファイド、レジン	非鉄金属、ガラス、セラミックス、超硬合金などの研削
金属被覆砥粒	破砕性の高い砥粒に金属被覆をしたもの	レジン	超硬合金やセラミックスなどの研削
中衝撃強度砥粒	破砕性が中間の砥粒	メタル、電着	超硬合金、ガラス、セラミックスなどの研削
高衝撃強度砥粒	破砕性の低いもっとも結晶の整った砥粒	メタル	岩石やコンクリートなどの高能率研削

表 2-3 主な CBN 砥粒の特徴と用途 (GE 社)

砥粒の種類	特徴	ボンド	用途
タイプ I	黒色、中程度の破壊強度と破砕性、単結晶	ビトリファイド、メタル、電着	焼き入れ鋼材、耐熱合金、工具鋼、高速度工具鋼などの研削
タイプ II	タイプ I にニッケル被覆を施した砥粒	レジン	工具鋼、高速度工具鋼、軸受け鋼、高硬度鋼材の研削
500	透明な茶褐色、高強度、ブロッキー形状の単結晶砥粒	電着、ビトリファイド	焼き入れ鋼や焼結金属などの高能率研削
550	強靭微細多結晶砥粒、不透明灰色、粒度の粗いサイズも可	メタル、ビトリファイド	焼き入れ鋼や合金鋼などの高能率研削

要点 ノート

アルミナ砥粒は鋼材の研削に、また炭化ケイ素砥粒は非鉄・非金属の研削に用いられます。同様に、熱に弱いダイヤモンド砥粒は非鉄・非金属の研削に、また立方晶窒化ホウ素砥粒（cBN）は焼き入れ鋼材の研削に適用されます。

【1】研削砥石とその選択

粒度とその選択

❶研削砥石の粒度とは
　研削砥石の粒度は、砥粒の大きさを示すもので、標準ふるいの目数の近似値で示されます。砥粒をふるい分けすると、大きな粒や小さなものが混在し、その粒径は正規分布をします。この平均的な粒径を「平均砥粒径」と呼んでいます。この平均砥粒径は、図1-38で示した砥石モデルによる切れ刃密度の推定や後述するドレッシング速度などを決定するのに用いられます。

❷粒度の特性とその選択
　図2-8に示すように、研削砥石の粒度が高いと、切れ刃密度が高いので、表面粗さは小さくなりますが、目づまりを生じやすくなります。一方、粒度が低いと、切れ刃が大きく、チップポケットも大きいので、切りくずの排出能力が高く、目づまりは生じにくくなります。反面、表面粗さが大きくなります。そのため粒度の高い砥石は、通常、仕上げ研削に、また低い砥石は粗研削に適用されます。

❸研削砥石の粒度選択の目安
　表2-4に研削砥石の粒度選択の目安を示します。工作物が粘質・軟質の場合は目づまりしやすいので、粒度の低い砥石を選択します。また取りしろが多く、粗研削の場合は、切りくずの排出が良好な粒度の低い砥石を用います。砥石と工作物の接触面積が大きい場合は、目づまりや熱損傷が生じやすいので、粒度の低い砥石を適用します。

❹研削砥石の粒度と表面粗さ
　研削砥石の場合は、ドレッシングでその作業面上の切れ刃密度を調整し、研削後の表面粗さを変えることができます。図2-9に示すように、ダイヤモンドドレッサを小さなリードで送った場合と、大きく送った場合とでは、同じ粒度の砥石でも表面粗さは異なります。そのため、通常は所用の表面粗さを満足する範囲で、できるだけ粒度の低い砥石を選択します。すなわち切りくずの排出能力が高い粒度の低い砥石を用いて粗研削を行い、そして細かなリードでドレッサを送って、切れ刃を調整し、仕上げ研削をします。しかし超砥粒ホイールの場合は、粒度によって、表面粗さもほぼ一義的に決まってしまいます。

図 2-8 研削砥石の粒度の特性と選択

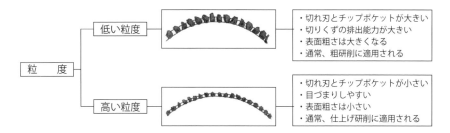

粒度
- 低い粒度
  - ・切れ刃とチップポケットが大きい
  - ・切りくずの排出能力が大きい
  - ・表面粗さは大きくなる
  - ・通常、粗研削に適用される
- 高い粒度
  - ・切れ刃とチップポケットが小さい
  - ・目づまりしやすい
  - ・表面粗さは小さい
  - ・通常、仕上げ研削に適用される

表 2-4 研削砥石の粒度選択の目安

低 ←	粒度	→ 高
大 ←	取りしろ	→ 小
荒仕上げ ←	仕上げ程度	→ 精密
粘質 軟質 ←	工作物材質	→ 脆質 硬質
広い ←	接触面積	→ 狭い
大 ←	砥石の大きさ	→ 小
粘質 ←	結合剤	→ 脆質

図 2-9 研削砥石の粒度と表面粗さ

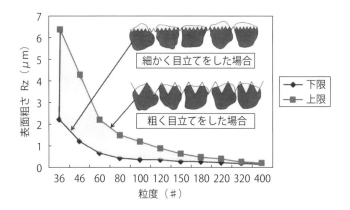

要点 ノート

通常、粒度の低い砥石は粗研削に、高い砥石は仕上げ研削に用いられます。研削砥石の場合は所要の表面粗さを満足する範囲で、できるだけ粗粒の砥石を選択します。超砥粒ホイールの場合は、粒度で、ほぼ表面粗さも決まります。

〈1〉研削砥石とその選択

各種研削方法と推奨研削砥石

❶各種研削加工法と結合度の選択

　研削砥石の結合度選択の目安は、砥石と工作物の接触弧の長さ、あるいは接触面積により決定されるといえます。前述のように、円筒研削に比較し、横軸平面研削や内面研削は接触弧の長さが大きく、接触面積も大きくなります。そのためこのような研削では、図2-10に示すように、円筒研削に比較し、砥石の自生作用を活発化して、切れ味を良くするために結合度の低い砥石を選択します。ただし内面研削の場合は、低い結合度の砥石を選択したいのですが、通常、砥石径が小さく、摩耗しやすいので、円筒研削と同等の結合度の砥石を選択し、ドレッシングにより強制的に砥石の切れ味を良好に保ちます。また平面研削でも、横軸と立軸とでは、砥石と工作物の接触面の大きさが異なり、横軸に比較し立軸はその面積が大きいので、結合度の低い砥石を選択します。

❷研削砥石の推奨選択表

　研削砥石の研削性能には、その3要素・5因子のすべてが影響します。表2-5は各種研削方式におけるビトリファイド砥石の推奨選択表です。

　まず最初に砥粒の種類ですが、鋼材の研削には、アルミナ系の砥石を用い、非鉄非金属には炭化ケイ素系のものを選択します。また粒度に関しては、一般的に＃46～＃60の砥石が多く用いられています。そして結合度に関しては、円筒研削ではJ～K、内面研削もJ～K、そして平面研削はH～Iの研削砥石が適用されています。この表には組織が表示されていませんが、通常、組織の中は省略してよいことになっています。

　次に鋳鉄や非鉄金属の場合には、炭化ケイ素系の砥石を用いますが、通常の研削には、純度の低いC系砥粒の砥石が用いられ、超硬合金には純度の高いGC砥粒のものが選択されます。また粒度に関しては、ねずみ鋳鉄の円筒研削と内面研削には＃60～＃46が、そして平面研削には＃46～＃36が選択されます。また黄銅やアルミニウム合金には、目づまりしやすいので、すべての研削方式において、粒度の低い砥石が用いられます。

　このように研削時の砥石と工作物の接触面積の大きさや、工作物材質による目づまりのしやすさなどにより、粒度や結合度の選択が異なります。

図 2-10 | 各種研削方法と推奨結合度の範囲 (三井研削砥石)

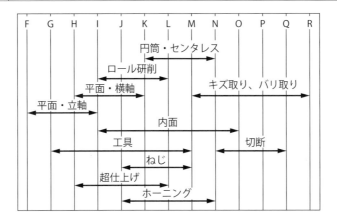

表 2-5 | 研削砥石の推奨選択表 (JIS B4051 参照)

工作物材質	硬さ	砥石直径(mm)	円筒研削 355以下	円筒研削 355～455	円筒研削 455～610	内面研削 16～32	内面研削 32～50	内面研削 50～75	平面研削(横) 205以下	平面研削(横) 205～355	平面研削(横) 355～510
一般構造用圧延鋼材 機械構造用炭素鋼	HRC25 以下		A60M	A54M	A46M	A60L	A54K	A46K	WA46K A46K	WA46J A46J	WA 36J A
炭素鋼鍛鋼・鋳鋼	HRC25 以上		WA60L	WA54L	WA46L	WA56K L	WA56J K	WA46J K	WA46J	WA46I	WA36I
ニッケルクロム鋼 クロム鋼	HRC55 以下		WA60L	WA54L	WA46L	WA60K L	WA54J K	WA46J K	WA46L	WA46I	WA36I
高炭素クロム軸受鋼 炭素工具鋼	HRC55 以上		WA60K	WA54K	WA46K	WA60K	WA54J	WA54J	WA46I	WA46H	WA36H
合金工具鋼 高速度工具鋼	HRC60 以下		WA60J	WA54J	WA46J	WA60J	WA54I	WA46I	WA46H	WA46G	WA36G
	HRC60 以上		WA60K	WA54K	WA46K	WA60K	WA54J	WA46J	WA46I	WA46H	WA36H
ステンレス鋼 (18-8系)	HB140～160		WA46J、WA46I、WA36L GC46J			C54K、C36K			WA46I	WA46H	WA36H
ステンレス鋼 (13-Cr系)			WA60K	WA54K	WA46K	WA60K	WA54J	WA46J	WA46I	WA46H	WA36H
ねずみ鋳鉄	HB200～230		C60J	C54J	C46J	C60J	C54I	C46I	C46J	C46I	C36I
黄銅	HB80～120		C46J、C36J			C36J、GC46J			C30J	C30I	C30H
アルミニウム合金			C46J、C36J、WA46J			GC46J			C30J	C30I	C30H
超硬合金	HRA88～91		GC80I、GC60J D100 GC60J			D150、GC60J			GC60～100 D100～220	H I	―

要点 ノート

通常、鋼材の円筒研削や内面研削には、粒度が#60～#46で、結合度がJ～Kのアルミナ砥石を、また平面研削には、粒度が#46～#36で、結合度がH～Iのものを選択します。内面研削の場合は強制的な目直しを必要とします。

1 研削砥石とその選択

結合度とその選択

❶研削砥石の結合度と研削形態

　研削砥石の結合度は、砥粒と砥粒の結びつきの強さと定義され、砥粒の保持力に対応するものです。そして結合度はアルファベットで表示（図2-2）され、Aに近づくほど低く、またZに近づくほど高くなります。

　結合度の低い研削砥石を用いて重研削すると、砥粒の保持力に比較し、砥粒研削力が大きくなるので、目こぼれ形の研削となりやすく、また結合度の高い砥石を用いて軽研削をすると、砥粒保持力に比較し、砥粒研削力が小さくなるので目つぶれ形の研削になりやすくなります。そのため精密軽研削には結合度の低い砥石を、また高能率重研削には結合度の高い砥石を選択します。

❷研削砥石の結合度選択の指針

　通常、図2-11に示すように、工作物の材質が硬質・脆質の場合は結合度の低い砥石を、また軟質・粘質の場合は高いものを用います。また砥石と工作物の接触弧の長さが大きく、接触面積が広い場合には、熱損傷が生じやすいので、目替わりを活発にするために、結合度の低い砥石を選択します。

　精度の高い研削盤の場合は、振動が少なく、セルフドレッシング効果が小さいので、結合度の低い砥石を選択し、また薄物の工作物の場合は、その変形を避けるため、切れ味の良好な結合度の低い砥石を使用します。そしてクリープフィード研削の場合は、接触弧の長さが非常に大きく、熱損傷が発生しやすいので、自生作用を活発化するために、結合度の低い砥石を用います。

❸研削作業と推奨砥石結合度

　接触弧の長さが大きな平面研削の場合、図2-12に示すように標準的な推奨結合度はHまたはIで、円筒研削は、平面研削と比較し、接触弧の長さが短いので、推奨結合度はJまたはKとなります。内面研削の場合は、もっとも接触弧の長さが大きいので、結合度の低い砥石を選択すべきですが、研削時の砥石摩耗量が多くなるので、円筒研削と同様の結合度を用い、ドレッシングを頻繁に行うことで対処しています。しかし最近は接触弧の長いクリープフィード研削や内面研削には、普通砥石に代わって熱に強いCBNホイールが多く適用されています。

図 2-11　結合度の選択

結合度の選択
低い
砥粒
結合剤
気孔
・硬質・脆質の工作物
・接触面積の広い研削
・高精度な研削盤
・薄物の工作物
・クリープフィード研削
高い
砥粒
結合剤
気孔
・軟質・粘質の工作物
・接触面積の狭い研削
・精度の低い研削盤
・断続研削
・切断・自由研削

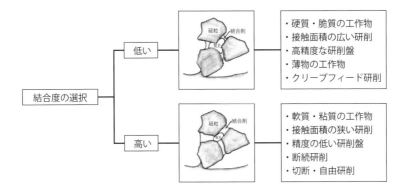

図 2-12　研削作業と推奨砥石結合度 (14)

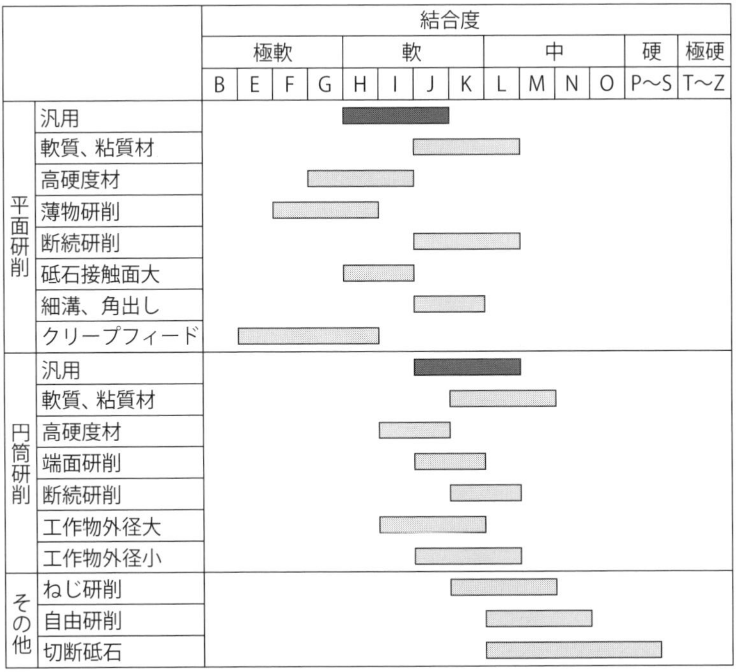

結合度
極軟
軟
中
硬
極硬
B E F G H I J K L M N O P~S T~Z
平面研削
汎用
軟質、粘質材
高硬度材
薄物研削
断続研削
砥石接触面大
細溝、角出し
クリープフィード
円筒研削
汎用
軟質、粘質材
高硬度材
端面研削
断続研削
工作物外径大
工作物外径小
その他
ねじ研削
自由研削
切断砥石

要点 ノート

円筒研削の推奨砥石結合度は J または K で、平面研削は H または J となります。内面研削の場合は、円筒研削と同等の結合度の研削砥石を選択し、ドレッシングを頻繁に行うことにより、強制的に切れ刃を鋭利化します。

1 研削砥石とその選択

組織とその選択

❶研削砥石の組織
　研削砥石の組織は砥粒率により決定され、そして数字で示されます（図2-2）。砥粒率が低い砥石ほど、数字の14に近くなり、組織が粗な砥石になります。また数字の0に近づくほど、砥粒率が高く、密な砥石になります。
　超砥粒ホイールの場合は、組織番号に代わってコンセントレーションが用いられます。単位体積の立方体中に平均砥粒径の球を詰めると、その体積分率は約50％となります。そのため砥粒率が50％の場合をコンセントレーション200とし、半分の25％の場合を100（4.4カラット）としています。

❷砥石組織の選択の指針
　図2-13に示すように、研削砥石の組織は、切れ刃の大きさが同じで、チップポケット（気孔）の大きさが変化します。砥石の組織が異なると、砥石作業面上の切れ刃密度に差異が生じ、研削後の工作物の表面粗さに影響しますが、その影響度は粒度の方が高いので、通常は、目づまりしやすいか否かによって研削砥石の組織を選択します。工作物の材質が軟質・粘質の場合は目づまりが生じやすいので、粗の砥石を選択し、硬質・脆質の場合は密の砥石を用います。また砥石と工作物の接触面積が大きい場合は粗の砥石を選択し、小さな場合は密の砥石用います。そして切りくずの排出が問題となる高能率研削の場合は粗の砥石を用い、表面粗さが問題の仕上げ研削では密の砥石を選択します。
　超砥粒ホイールの場合は、コンセントレーションの低いホイールを用いると目こぼれ形の研削となりやすく、反対に高いホイールを用いると目づまり形の研削となります。そのため粒度と工作物材質に応じて、適切なコンセントレーションが存在することになります。

❸研削作業と組織選択の目安
　図2-14に示すように、通常の平面研削や円筒研削では、砥粒率が約50％前後の組織番号6～8を選択します。とくに目づまりしやすい軟質・粘質の工作物や接触面積が大きくなる研削の場合や、変形が問題となる薄物研削の場合は粗の砥石を用います。また接触弧の長いクリープフィード研削では、チップポケットが大きく、切りくずの排出が良好な多孔質の砥石を選択します。

図 2-13　砥石組織の選択の指針

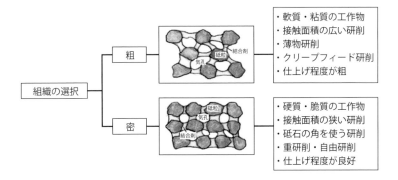

- 粗
  - ・軟質・粘質の工作物
  - ・接触面積の広い研削
  - ・薄物研削
  - ・クリープフィード研削
  - ・仕上げ程度が粗

- 密
  - ・硬質・脆質の工作物
  - ・接触面積の狭い研削
  - ・砥石の角を使う研削
  - ・重研削・自由研削
  - ・仕上げ程度が良好

図 2-14　研削作業と組織選択の目安 (14)

		組織													
		密			中			粗			多孔性			
		0	1	2	3	4	5	6	7	8	9	10	11	12	13	14
	砥粒率（%）	62	60	58	56	54	52	50	48	46	44	42	40	38	36	34
平面研削	汎用（粗～仕上）															
	軟質、粘質材															
	高硬度材															
	薄物研削															
	断続研削															
	砥石接触面大															
	細溝、角出し															
	クリープフィード															
円筒研削	汎用（粗～仕上）															
	軟質、粘質材															
	高硬度材															
	端面研削															
	断続研削															
	工作物外径大															
	工作物外径小															
その他	ねじ研削															
	自由研削															

要点ノート

研削砥石の組織は0から14の数字で表示されます。組織が密の砥石は表面粗さは良くなりますが、目づまりしやすく、反対に粗の砥石は、表面粗さは大きくなりますが、切りくずの排出能力が高くなります。

1 研削砥石とその選択

結合剤の種類とその選択

❶結合剤（ボンド）の種類と特性

結合剤の種類には、図2-2に示したように多くのものがありますが、現在、使用されている主なものは、レジン（レジノイド）、ビトリファイドおよびメタルです。表2-6にそれらの主な特性を示します。ボンドの引張り強さは、砥粒の保持力に対応するといえます。引張り強さの小さなボンドは、レジンやビトリファイドで、大きなものはメタルです。またヤング率（弾性係数）は研削時の砥石の弾性変形に対応し、研削時の切り残しに影響します。

❷結合剤の特性と研削形態

ボンドの引張り強さの小さなレジンやビトリファイドボンドの研削砥石は、砥粒の保持力が小さいので、通常、精密軽研削に用いられます。これらの砥石を高能率・重研削に適用すると、目こぼれ形の研削となりやすくなります。一方、引張り強さの大きなメタルボンド砥石は、通常、粗研削や高能率研削に適用されます。この砥石を精密軽研削に用いると、目つぶれ形の研削になりやすくなります（図2-15）。

また弾性係数の大きなメタルやビトリファイドボンドの砥石は、研削時の弾性変形が小さく、切り残しが少ないので、切り込み制御方式の研削となります。一方、弾性係数の小さなレジンボンドの砥石は、研削時の弾性変形が大きく、切り残しを生じやすいので、圧力制御方式の研削となります。

❸結合剤の種類の選択

図2-16に示すように、弾性係数の大きなメタルやビトリファイドボンドの砥石の場合は、研削時の砥石と工作物の接触面積が小さいので、同時研削切れ刃数（同時に研削に関与する切れ刃の数）が少なく、形状・寸法精度は高くなりますが、表面粗さは大きくなります。一方、弾性係数の小さなレジンボンドの砥石は、砥石と工作物の接触面積が大きくなるので、同時研削切れ刃数も多く、表面粗さは小さくなりますが、切り残しや角だれが大きくなります。

そのため粗研削や高能率研削にはメタルボンドを、また高い寸法・形状精度の必要な精密軽研削にはビトリファイドボンドを、そして良好な表面粗さが必要な精密研削にはレジンボンドを選択します。

表 2-6 結合剤（ボンド）の特性 （岡田）

物性 結合剤	比重	硬さ H_V (kgf/mm^2)	引張り強さ (kgf/mm^2)	ヤング率 (kgf/mm^2)	熱膨張率 (10^{-6}/℃)	熱伝導率 (W/m^{2}K)
レジン	1.15	12	5.0	430	45	1.7
メタル	8.80	82	38.0	10,800	18.2	101
ビトリファイド	2.50	780	6.0	7,200	8.0	1.8

図 2-15 結合剤の特性と研削形態

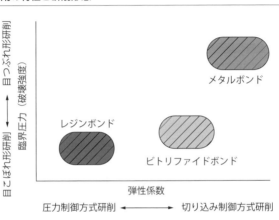

図 2-16 結合剤の種類の選択

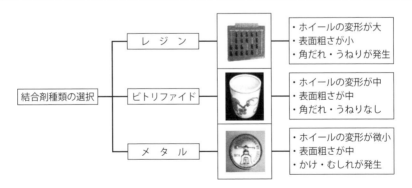

要点 ノート

通常、寸法・形状精度が問題となる精密軽研削にはビトリファイドを、また粗研削や高能率研削にはメタルを、そして良好な表面粗さが問題となる精密研削にはレジンボンドを選択します。

1　研削砥石とその選択

最高使用周速度

❶研削砥石の最高使用周速度とその表示

　通常の研削砥石は高速で回転すると、遠心力により、破壊を生じるので、ユーザが使用してよい最高使用周速度が決められています。図2-17に示すように砥石のラベルにその最高使用周速度が表示されています。この例ではMAX2000 m/minと表示されています。すなわち「この砥石は2000 m/min以下の周速度で使用しなさい」ということです。

　最高使用周速度は、砥石が実際に遠心破壊する破壊周速度を基準に、最高使用周速度が決定されます。この周速度は、作業時に安全に使用できる最高の周速度を示しており、そのため研削作業にあたっては、この周速度を厳守することが大切です。

❷結合剤の種類と最高使用周速度

　研削砥石の最高使用周速度は、結合剤の種類によって異なります。表2-7はビトリファイドとレジンボンドの最高使用周速度です。この表は、平面研削や円筒研削に使用される一般的な砥石形状のものについて示してあります。

　ビトリファイド結合剤で低強度のものの最強使用周速度は1700 m/minであるのに対し、レジン結合剤のものは2000 m/minとなっています。また中強度や高強度の結合剤についても、レジン結合剤よりもビトリファイド結合剤の最高周速度が低くなっています。そのため仮にレジンボンド砥石用に最高使用周速度が設定してある研削盤に、誤ってビトリファイドボンドの砥石を取り付けたならば、遠心破壊が起こる可能性があることに注意してください。

❸高速研削盤と研削砥石

　最近は、超砥粒ホイールの普及にともない、高速研削が注目され、図2-18に示す砥石周速度が200 m/sの高速研削盤も市販されています。超砥粒ホイールは台金と砥粒層で構成されているため、研削砥石と比較し、遠心破壊が起きにくくなっていますが、一般的な研削砥石を用いた高速研削は、やはり遠心破壊の問題で無理があるといえます。そのため高速研削盤には、遠心破壊と砥石の膨張などを考慮した高速研削用の超砥粒ホイールを用いることが大切といえます。

第2章　研削加工の準備・段取り作業を始めよう！

図 2-17 | 最高使用周速度とその表示

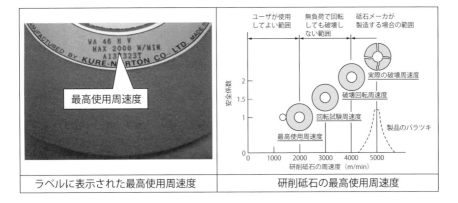

| ラベルに表示された最高使用周速度 | 研削砥石の最高使用周速度 |

表 2-7 | ボンドの種類と最高使用周速度

砥石形状・寸法	ビトリファイド結合剤			レジン結合剤		
	低強度 (m/min)	中強度 (m/min)	高強度 (m/min)	低強度 (m/min)	中強度 (m/min)	高強度 (m/min)
1号　平形（一般）	1,700	1,800	2,000	2,000	2,000	3,000
4号　両テーパ形						
5号　片凹形						
7号　両凹形						

図 2-18 | 高速研削盤と研削砥石

高速研削盤（ジェイテクト）

高速研削用砥石（ノリタケカンパニーリミテド）

> **要点ノート**
>
> 研削砥石のラベルには最高使用周速度が表示されています。研削作業時にはこの最高使用周速度を超えて使用することは厳禁です。ビトリファイド砥石の最高使用周速度はレジンボンド砥石よりも低いことに注意してください。

2 研削砥石の取り付けとバランス調整

研削砥石の取り扱い

❶研削砥石の保管

　研削砥石は圧縮には強いが、曲げに弱いという性質をもっています。そのため砥石に曲げが作用するような保管の仕方は良くありません。そのためできるだけ図2-19に示すような保管棚を利用しましょう。

　この場合、直径の大きな平形砥石や両テーパ形砥石などは、保管棚の下の方に立てて保管します。また切断砥石や薄いリング状の砥石などは、段ボールなどを敷いてその上に平積みします。これらの砥石の場合は、立積みすると反りなどの原因となります。そして保管棚の上の棚には、直径の小さな平形砥石やカップ形砥石を置きます。

　この保管棚は、通常、温度が低く、湿気のない場所に設置されています。湿気の多い場所に置くと、レジノイド（レジン）ボンドの研削砥石は質的な変化を起こします。またゴム砥石は、温度変化により質的な変化を生じるので注意しましょう。

❷研削砥石の平積みの禁止と運搬方法

　前述のように研削砥石は圧縮に強く、曲げに弱いので、薄物の砥石以外は「平積みは厳禁」です。とくに砥石を運搬する場合に、砥石を台車の上に平積みしているのをよく見かけますが、このような方法はよくありません。砥石を運搬する場合は、図2-20に示すように、段ボール箱に砥石を立て、その間に段ボールなどのパッキンを挟んで、衝撃力が作用しないようにしましょう。とくにビトリファイドボンドの砥石はガラスのようなものですから、振動させないように運搬することが大切です。

❸研削砥石取り扱いの3原則

　研削砥石の取り扱いの3原則は、図2-21に示す「転がすな、落とすな、ぶつけるな」です。砥石を転がして運搬すると、その途中で、倒したり、ぶつけたりして、砥石に衝撃が加わる場合があり、き裂発生の原因となります。また砥石の目視検査や砥石軸取り付け時などに、うっかりミスで、砥石を落としたり、ぶつけたりすることが、多々あります。砥石の取り扱いは慎重にして、落としたり、ぶつけたりした砥石はできるだけ使用しないようにしましょう。

図 2-19　研削砥石の保管棚の例 (三井研削砥石)

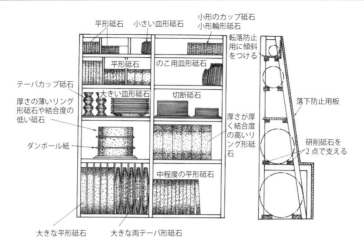

図 2-20　研削砥石の平積みの禁止と運搬方法

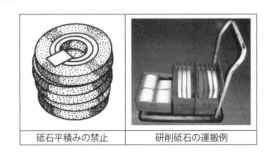

図 2-21　研削砥石の取り扱い 3 原則

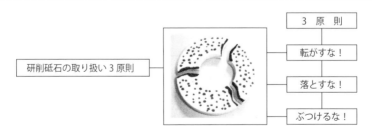

> **要点 ノート**
>
> 薄物の切断砥石やリング状の砥石を除いて、研削砥石の平積みは厳禁です。また保管棚は温度が低く、湿気の少ない場所に設置しましょう。そして研削砥石の取り扱いの 3 原則を守りましょう。

2 研削砥石とフランジの取り扱い

フランジとその選択

❶固定フランジと移動フランジ

　研削砥石を研削盤に取り付けるには、フランジが必要になります。通常、フランジは図2-22に示すように、移動フランジと固定フランジとにより構成されています。研削盤の砥石軸に取り付けられるのが固定フランジです。

　大きな直径の研削砥石を装着する移動フランジには、一般的にバランス駒を取り付ける溝があります。この溝に、通常、3個のバランス駒を取り付けて、研削砥石のバランス調整をするようになっています。

　フランジの材質と形状は安全を確保するための基準を満たしている必要があり、フランジの外径は、フランジ径と呼ばれ、取り付けられる研削砥石径の1/3以上の大きさが必要です。また移動フランジと固定フランジの直径は同一であることが条件で、異なる直径のフランジを使用することは禁止されています。

❷各種フランジとその選択

　一口にフランジといっても、図2-23に示すように、多くの種類があります。ストレートフランジは、比較的、小さな直径の砥石用で、キズ取りやバリ取りなどの自由研削用や小形研削盤用の砥石取り付けに多く用いられています。

　スリーブフランジは、ほとんどの精密研削盤で採用される形式で、ISO（国際標準化機構）準拠およびANSI（米国国家規格協会）準拠の2系統があります。ISO形スリーブフランジは、研削盤の標準的なもので、通常の研削盤にはこの形式のフランジが用いられています。またANSI形フランジは、米国とその系統の研削盤で使用されているものです。

　アダプタフランジは、キズ取りなどの重研削用いられる大形レジノイド砥石などの取り付けに用いられています。またセーフティフランジは、主として内面研削や平面研削用に用いられています。

　このようにフランジには多くの種類があるので、使用する研削盤や作業目的に応じて、適切なフランジを選択することが大切です。

図 2-22 | 固定フランジと移動フランジ

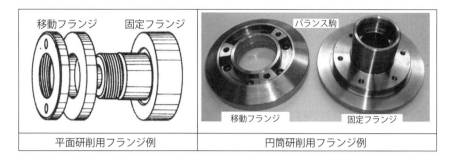

図 2-23 | 各種フランジとその用途（研削盤等構造規格参照）

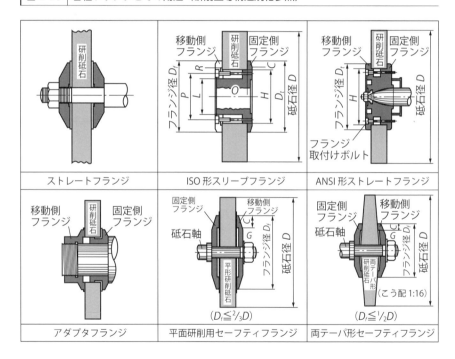

> **要点** ノート
>
> 研削作業には目的に合ったフランジを選択します。通常の研削には、ISO形のフランジが用いられています。フランジは、移動フランジと固定フランジにより構成されています。機械側に取り付けられるのが、固定フランジです。

2 研削砥石とフランジの取り扱い

フランジのチェックと誤った使用

❶使用するフランジのチェック

　研削砥石を研削盤の砥石軸に取り付けるフランジは、直接、安全や研削精度に関わるので、そのチェックを正しく行う必要があります。まず図2-24に示すように、バランス駒や固定ボルトなどの部品がすべて揃っているか点検します。また、取り付けボルトのピッチがフランジのものと適合しているか確認します。

　次に研削砥石と接触するフランジの面に、ラベルかす、さびおよびキズなどがある場合は、油砥石（オイルストーン）などを用いて除去し、そしてウエス（ぼろ布）を用いてきれいに清掃します。通常、研削作業は湿式で行われており、フランジの接触面にはさびが発生しているので、このさび落としはていねいに行いましょう。また接触面に反り、凹凸および打痕などがある場合は、修正するか、そのフランジを使用するのをやめましょう。そしてフランジのテーパ穴に打痕やキズがある場合は、スクレーパ（ササバキサゲ）や油砥石を用いて修正します。異常のあるフランジを用いると、上手な研削作業ができないので注意する必要があります。

❷誤ったフランジの使用

　研削砥石にはラベルが貼ってあり、パッキンの役割を果たしています。そのためこのラベルをはがして、図2-25のように、砥石を直接フランジに取り付けてはいけません。またフランジの直径は砥石径の1/3以上で、同一直径のものを使用することが条件なので、その先端が当たらないフランジを用いることは誤りです。

　砥石にあたるフランジの先端がとがったものの場合は、そこに応力が集中し、砥石が破損する恐れがあります。逃げのないフランジを用いた砥石の取り付けやフランジを使用しないナットだけの砥石の取り付けも誤りです。また砥石とフランジの接触面にゴミや異物などが入った状態で砥石を取り付けてはいけません。その他、砥石軸の直径と研削砥石の穴径が合わない場合に、その軸にテープなどを巻いてフランジで取り付けるのも誤りです。フランジを用いた研削砥石の取り付けは正しく行いましょう。

図 2-24 | 円筒研削用フランジのチェックポイント (15)

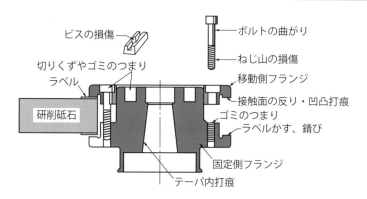

図 2-25 | 誤ったフランジの使用 (16)

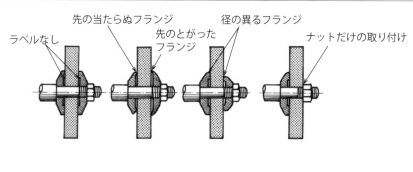

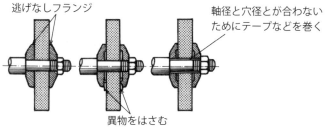

要点 ノート

研削作業に用いるフランジは砥石径の 1/3 以上の直径のもので、同一直径のものを使用する必要があります。接触面が変形していたり、打痕などのあるフランジを用いると、上手な研削作業はできません。

2 研削砥石とフランジの取り扱い

研削砥石のキズのチェックと打音試験

❶研削砥石の外観検査

　研削砥石を新しく研削盤に取り付ける場合は、必ず外観検査を行う必要があります。砥石運搬中の振動や衝撃により、ひびが入ったり、欠けを生じたりすることがあります。そのため、新品の砥石を使用する場合は、図2-26に示す目視により、砥石の外観検査を行います。またすでに研削盤に取り付けられている砥石の場合は、その砥石を手回しして、外観検査を行います。

　外観検査においては、図2-27に示すように、目視により砥石のひび、欠けおよびキズなどをチェックしますが、同時に反りやひずみなどの変形の有無も調べます。また砥石に貼られたラベルに異物があると、フランジへの取り付けが良好に行えないので、その有無もチェックします。そしてレジンボンドの砥石の場合は、湿気があると、その劣化が促進されるので、その有無も調べます。研削作業にあたっては、研削砥石の外観検査をしっかりと行いましょう。

❷研削砥石の打音試験

　目視で研削砥石のひび、欠けおよびキズなどをチックした後には、必ず打音試験をします。図2-28に示すように、外径の小さな砥石の場合は、その内周部を指で支え、そして砥石の外周から20～30mmの所を、木ハンマまたはドライバの柄などで軽く叩きます。このとき、砥石を強く叩きすぎないように注意してください。

　外径の大きな砥石の場合は、きれいな硬い平坦な床に置いて、その外周部を同様に木ハンマで軽く叩きます。このとき、ビトリファイド砥石でキズがない場合は、キーンという金属音がします。そしてキズなどがある場合は、それよりも低い濁音となります。またレジンボンドの砥石の場合は、ビトリファイドの砥石よりも、低い打撃音となります。この打音試験では、研削砥石が湿気を含んでいたり、その内周部のブッシュにゆるみがある場合などでは、異常音になるので、注意が必要です。

　このように研削砥石の打音試験を行いますが、そのポイントは、砥石の決められた位置を、全周にわたって、適度の強さで木ハンマなどで叩くことです。正しい砥石の打音試験の方法を是非とも習得してください。

第2章 研削加工の準備・段取り作業を始めよう！

図2-26 研削砥石の外観検査

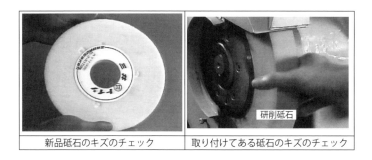

新品砥石のキズのチェック　　取り付けてある砥石のキズのチェック

図2-27 外観検査のチェック項目 (レヂトン)

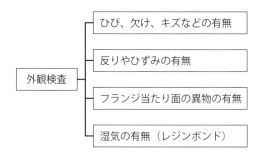

外観検査
- ひび、欠け、キズなどの有無
- 反りやひずみの有無
- フランジ当たり面の異物の有無
- 湿気の有無（レジンボンド）

図2-28 研削砥石の打音試験

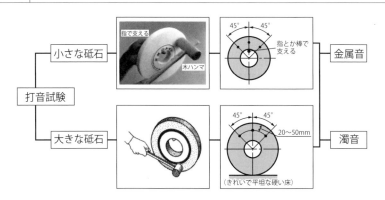

要点 ノート

研削砥石を研削盤に取り付ける場合は、必ず目視による外観検査と打音試験を行うことが大切です。打音試験では、木ハンマなどで砥石の決められた位置を、その全周にわたって軽く叩き、その打撃音でキズなどの有無を判断します。

3 ツルーイング・ドレッシング

ツルーイング・ドレッシングとその工具

❶ツルーイングとは

　研削砥石をフランジに取り付けた場合、**図2-29**に示すように両者の中心は必ずしも一致していません。このような状態で研削すると、振れによる強制振動が発生し、研削面にビビリマークが生じます。そのため砥石とフランジの中心のずれを修正する必要があります。このような砥石の振れを修正する作業を振れ取り、または「ツルーイング」と呼びます。また研削時に真円であった砥石の作業面に偏摩耗が生じると、研削時にビビリマークが発生します。そのため砥石の真円性を回復する作業が必要になります。この作業を形直し、またはツルーイングと呼びます。

❷ドレッシングとは

　研削開始時点に鋭利であった砥石作業面上の切れ刃は、研削過程で平滑化、鈍化して切れ味が悪くなります。そのため平滑化、鈍化した切れ刃を再び鋭利化する必要があります。このような作業を目直し、または「ドレッシング」と呼びます。また**図2-30**に示すように、マトリックスタイプの超砥粒ホイールの場合、ツルーイング後の作業面には砥粒がほとんど突き出ておらず、切りくずを排出するためのチップポケットがありません。そのためツルーイング後には、ホイール作業面のボンドを削り取り、そして砥粒を突き出し、チップポケットを創成する作業が必要になります。このホイール作業面上の切れ刃の鋭利化とチップポケットの創成作業がドレッシングです。

❸ツルーイング・ドレッシング用工具

　研削砥石や超砥粒ホイールには多くの種類があるので、ツルーイングやドレッシングの方法も異なります。そのため**図2-31**に示すように、ツルーイングやドレッシングに用いる工具にも多くの種類があります。

　砥粒を用いる方法には、固定砥粒（静止、回転）を用いるものと、遊離砥粒（ラッピング、噴射、スラリー）を用いるものがあります。またこの方法には、ダイヤモンドによるもの（単石、インプリ、回転ホイール、スティック）、金属を用いるもの、および非接触（電解、放電）によるものがあります。

図 2-29 ツルーイングとは

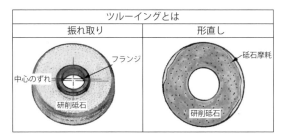

図 2-30 ドレッシングとは

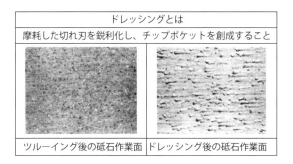

図 2-31 ツルーイング・ドレッシング用工具

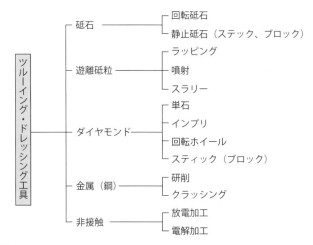

要点 ノート

ツルーイングは振れ取り、形直しで、ドレッシングは目直しです。ツルーイング・ドレッシング法には多くの種類があるので、目的に応じて選択します。

3 ツルーイング・ドレッシング

砥粒を用いる方法

❶遊離砥粒を用いる方法

　遊離砥粒を用いるツルーイング・ドレッシング法には、図2-32に示すようなスラリー法、噴射法およびラッピングがあります。

　スラリー法は、円筒研削盤の両センタ間にドレッシングロールを取り付け、そのロールと超砥粒ホイール間にわずかな隙間をもたせ、そこに遊離炭化ケイ素砥粒と研削油剤の混合液を供給してドレッシングするものです。

　噴射法は、霧吹きと同様に、砥粒を高圧で超砥粒ホイールの作業面に吹き付け、ボンドを削り取って、ツルーイング・ドレッシングをするものです。

　またラッピングによる方法は、平らな鋳鉄製のラップ定盤などの表面に＃100程度の砥粒を散布し、その上にカップ形などの超砥粒ホイールを伏せ、その表面を押し当てながら8の字に摺り合わせるものです。

❷固定砥粒（砥石）を用いる方法

　固定砥粒を用いる方法には、図2-33に示す静止砥石を用いるものと、回転砥石を用いるものとがあります。静止砥石を用いる方法は、角形砥石（スティック）をバイスなどで研削盤のテーブル面に固定し、その砥石を超砥粒ホイールで研削することにより、ツルーイング・ドレッシングするものです。また回転砥石を用いる方法は、横軸平面研削盤のテーブル面にドレッサを取り付け、幅の広いカップ形砥石を回転し、等速条件の下で研削油剤を供給しながら超砥粒ホイールでその砥石を研削し、ツルーイング・ドレッシングします。

❸ツルーイング・ドレッシング用砥石

　超砥粒ホイールのツルーイング・ドレッシングにおいては、使用するホイールの粒度に応じて、適切な砥石を用いることが大切です。ツルーイングの場合は、ツルーイング砥石で超砥粒ホイールを削る必要があるので、表2-9に示すように、ホイールの粒度よりも低い砥石を用います。またドレッシングの場合は、超砥粒ホイールの砥粒間に脱落砥粒が挟まれ、ボンドを削り取る必要があるので、表2-10に示すように、ホイールの粒度と同等の砥石で、結合度の低いものを用います。

第2章 研削加工の準備・段取り作業を始めよう！

図 2-32 遊離砥粒を用いる方法

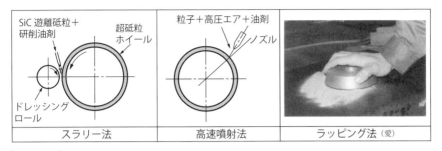

| スラリー法 | 高速噴射法 | ラッピング法（愛） |

図 2-33 固定砥粒を用いる方法 （写真提供：東江）

角形砥石を研削する方法

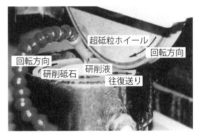
回転砥石を研削する方法

表 2-9 ツルーイング用砥石の例 （辻郷）

ダイヤモンドホイール粒度	ツルーイング砥石仕様
230 より粗	C60M
230〜800	C80H
800 より細	C280G

表 2-10 ドレッシング用砥石の例 （辻郷）

ダイヤモンドホイール粒度	ドレッシングステック仕様
230 より粗	C220G
230〜800	C400G
800 より細	C1000WAX※

※1000 の砥粒をワックスで固めたもの

要点ノート

砥粒を用いたツルーイング・ドレッシング法には、遊離砥粒を用いるものと、固定砥粒を用いるものがあります。また固定砥粒を用いる方法には、静止砥石を用いるものと、回転砥石を用いるものとがあります。

【3】 ツルーイング・ドレッシング

ダイヤモンド工具を用いる方法

❶各種ダイヤモンドドレッサによる方法

　図2-34にダイヤモンドドレッサによるツルーイング・ドレッシング法を示します。この方法には、単石ダイヤモンド、多石ダイヤモンドおよびインプリダイヤモンドドレッサを用いる方法があります。いずれのドレッサの場合も、図に示すように、ドレッサホルダに各種ドレッサを取り付け、わずかな切り込みと送りを与えて、ツルーイング・ドレッシングを行います。通常、単石ダイヤモンドドレッサは、研削砥石とビトリファイドCBNホイールに用いられます。また多石ダイヤモンドドレッサは、ビトリファイドCBNホイールに、そしてインプリダイヤモンドドレッサは他の超砥粒ホイールに適用されます。

❷単石ダイヤモンドドレッサの先端形状とその用途

　単石ダイヤモンドドレッサにもいろいろな種類があります。図2-35に示すように、普通形は原石のダイヤモンドをシャンクにロー付けしたもので、一般の普通研削や粗研削に用いられます。また角錐形はダイヤモンドを四角錐に加工したもので、通常の精密研削に使用されます。そして円錐形は原石を円錐に加工したもので、ねじ研削や歯車研削などの精密研削に適用されます。

　次にダイヤモンドの大きさですが、一般的に直径の大きな研削砥石の場合は、カラット数の大きいダイヤモンドを用い、小径砥石の場合は小さなものを使用します。

❸ダイヤモンドロータリドレッサによる方法

　ダイヤモンドロータリドレッサによるツルーイング法には、図2-36に示すように、いろいろなものがあります。縦形ダイヤモンドロータリドレッサによる方法は、通常、横軸平面研削盤の超砥粒ホイールに適用されます。この場合、ダイヤモンドロータリドレッサの粒度はできるだけ低いものを使用します。また多石ダイヤモンドロータリドレッサは、円盤状に多くの単石ダイヤモンドを配置し、そのダイヤモンドを鋭利に成形したもので、内面研削用のレジンボンドCBNホイールなどに適用されています。また円筒研削用の超砥粒ホイールのツルーイングには、粗粒のダイヤモンドホイールをマンドレルに取り付けて、そのホイールで研削する方法が用いられています。

図 2-34 各種ダイヤモンドドレッサによる方法

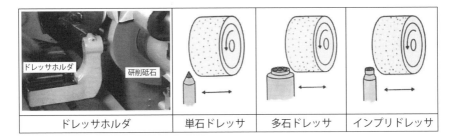

図 2-35 単石ダイヤモンドドレッサの先端形状とその用途

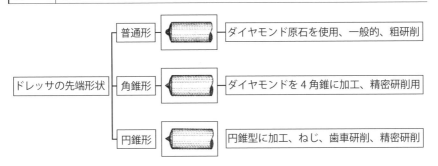

図 2-36 ロータリダイヤモンドドレッサによる方法

要点 ノート

一口にダイヤモンド工具を用いたツルーイング・ドレッシング法といっても多くの種類があり、通常、研削砥石には単石ダイヤモンドによる方法が用いられ、超砥粒ホイールにはダイヤモンドロータリ法が適用されています。

3 ツルーイング・ドレッシング

金属を用いる方法

❶軟鋼ドレッシング

図2-37に示す軟鋼ドレッシングは、軟鋼製の工作物を平面研削盤のテーブルに取り付け、0点設定を行った後、わずかな切り込みと所要のテーブル速度で研削することにより、超砥粒ホイールのドレッシングを行うものです。この方法は軟鋼を超砥粒ホイールで研削すると、摩耗しやすいという特性を利用したもので、特別な装置なしでツルーイング・ドレッシングができるのが特徴です。また軟鋼の代わりにステンレス鋼やチタンなどを使用する方法もあります。この軟鋼ドレッシングに静止砥石研削法を加味したサンドイッチ構造のドレッサを用いる方法があります。この方法の場合は、砥石研削時の脱落砥粒がホイールと工作物間に挟まれ、ボンドが効果的に除去されるので、とくにレジンボンドホイールのドレッシングに有効です。

❷クラッシングロールによる方法

クラッシング（クラッシュ）ロールによる方法は、主として総形研削におけるツルーイング・ドレッシングに用いられており、HrC60~64に焼き入れした合金鋼製のロールを超砥粒ホイールに押し込むことにより、ツルーイング・ドレッシングを行うものです。

図2-38に示すように、所定の形状に成形されたクラッシュロールと超砥粒ホイールを対向させ、ホイールまたはロールを比較的低速で駆動し、そしてクラッシュロールを前進させます。クラッシュロールが超砥粒ホイールに接触すると、接触抵抗によりつれ回りを始めます。さらにロールをホイールに押しつけると、ボンドの組織が微細に破壊されるようになり、超砥粒ホイールはロールの形状に成形されます。

❸メタルボンドホイールのクラッシュ成形

通常、クラッシュ成形に用いる超砥粒ホイールは、メタルボンドで、破砕性の高いスズの多いものが使用されています。このクラッシュ成形で注意すべき点は、ホイールとロールの周速度を常に一定に保つことです。図2-39は機上クラッシング成形の例で、ロールの形状が見事にメタルボンドホイールに転写されています。

第2章 研削加工の準備・段取り作業を始めよう！

図 2-37 軟鋼ドレッシング (愛)

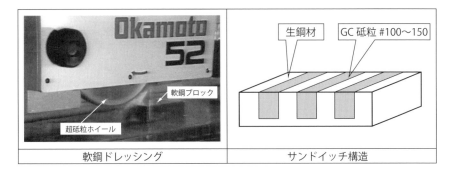

| 軟鋼ドレッシング | サンドイッチ構造 |

図 2-38 クラッシングロール成形の原理 (アライドマテリアル)

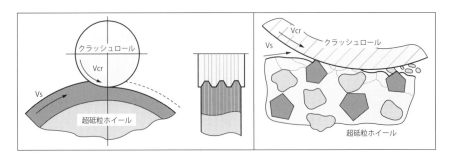

図 2-39 超砥粒ホイールのクラッシングロール成形 (岡本工作機械製作所)

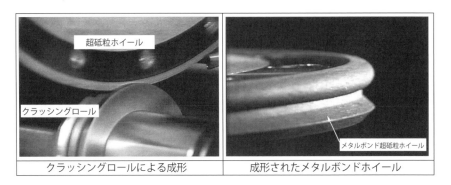

| クラッシングロールによる成形 | 成形されたメタルボンドホイール |

要点 ノート

軟鋼を研削することにより、特別な装置を必要とせずに、超砥粒ホイールのツルーイング・ドレッシングができます。クラッシングロールによる方法は、メタルボンド超砥粒ホイールを用いた総形研削に多く適用されています。

3 ツルーイング・ドレッシング

非接触による方法

❶放電ドレッシング

　放電ドレッシングの原理は、図2-40に示すように、メタルボンド超砥粒ホイールとドレッサ電極間に電圧をかけ、放電作用により、ボンドを溶解し、ツルーイング・ドレッシングするものです。

　接触放電ドレッシングは、陽極と陰極を所要の間隔で設置し、その金属電極をメタルボンド超砥粒ホイールで研削することにより、ドレッシングを行う方法です。すなわち両電極を砥粒切れ刃で削ると、切りくずが発生し、メタルボンドとその間隔が所要の値になると放電が生じ、溶解したボンドが除去されてドレッシングされます。図に接触放電の様子を示していますが、両電極をメタルボンド超砥粒ホイールで研削すると、放電による火花が観察されます。

❷ワイヤ電極を用いた機上放電ドレッシング

　図2-41に示すワイヤ電極を用いた機上放電ドレッシングは、ワイヤカット放電加工を利用した方法で、先端ガイド式と両端ガイド式があります。いずれもマシニングセンタのテーブルに放電加工装置を設置し、メタルボンド超砥粒ホイールと電極間に電圧をかけ、放電作用により、ホイールを所要の形状に溶解、除去してツルーイング・ドレッシングする方法です。

❸電解インプロセスドレッシング

　電解インプロセスドレッシングを用いた研削は、通常、ELID研削と呼ばれています。この方法は電解加工を利用したドレッシングで、図2-42に示すように、鋳鉄ボンドダイヤモンドホイールを陽極、そしてその外周部にわずかな間隔で陰極を配置し、その間に通常の研削液を供給します。すると電解作用によりボンドが溶出し、そして十分に砥粒が突き出るようになると、陽極酸化現象により、酸化鉄の絶縁被膜が形成されます。その結果、電解作用が停止します。その後、研削を続行すると、砥粒の突きだし高さが減少するとともに、絶縁被膜が剥離されて、再度、電解作用が始まります。このサイクルを繰り返すことにより、電解インプロセスドレッシング研削が行われます。

　この研削法の特徴は、通常の研削液が使用できることと、寸法・形状精度を維持し、かつ鏡面研削が可能なことです。

図 2-40 放電ドレッシング (豊田バンモップス)

放電ドレッシング

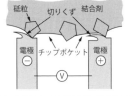
接触放電ドレスの原理

接触放電ドレスの様子

図 2-41 ワイヤ電極を利用した機上放電ドレッシング (植松ら)

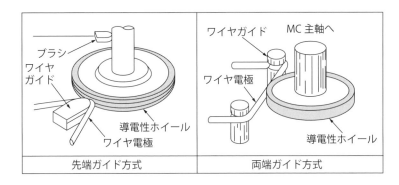

先端ガイド方式 / 両端ガイド方式

図 2-42 電解インプロセスドレッシング (大森ら)

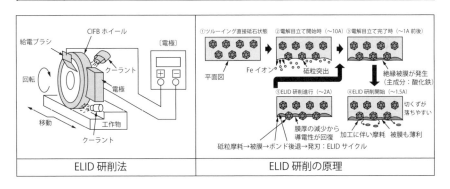

ELID 研削法 / ELID 研削の原理

要点ノート

放電ドレッシングには、固定電極やワイヤ電極を用いた通常の放電方式と接触放電式のものとがあります。また電解加工を利用した方法にはインプロセス電解ドレッシングがあり、この方式の研削は ELID 研削と呼ばれています。

【4】研削油剤の選択と取り扱い

研削油剤の種類とその働き

❶研削油剤の種類

　図2-43はJIS規格（JIS K2241）による切削油剤の分類です。切削油剤を大別すると、不水溶性のものと、水溶性のものとになります。

　油性形N1種は、鉱油および脂肪油からなり、極圧添加剤を含まないもので、不活性極圧形N2種は、N1種の成分を主成分とし、極圧添加剤を含むもので、銅板腐食が150℃で2未満のものです。この場合、極圧添加剤は、切削時に摩擦局部の焼き付きを抑制し、切削性の向上を図るために基油に添加する物質と定義されており、最近は極圧剤として硫黄系のものが多く使用されています。また不活性極圧形N3種は極圧添加剤を含むもので、硫黄系極圧添加剤を必須とし、銅板腐食が100℃で2以下、150℃で2以上のもので、活性極圧形N4種は銅板腐食が100℃で3以上のものです。

　研削に多く用いられているのが、水溶性切削（研削）油剤です。エマルション（A1種）は図2-44に示すように、鉱油や脂肪酸など、水に溶けない成分と界面活性剤からなり、水に加えて希釈すると、外観が乳白色になるもので、牛乳のようなものです。ソリューブル（A2種）は、界面活性剤など水に溶ける成分単独、または水に溶ける成分と鉱油や脂肪酸など、水に溶けない成分とからなり、水に加えて希釈すると、外観が半透明ないし透明になるもので、石けん液のようなものです。ソリューション（A3種）は油脂分を含まず、水に溶ける成分よりなり、水に加えて希釈すると外観が透明になるもので、通常、着色されています。

❷研削油剤の働き

　研削油剤の主な働きは、潤滑作用、冷却作用、浸透作用、洗浄作用およびさび止め作用です。図2-45に示すように、潤滑作用は摩擦熱の発生を低減するもので、冷却性は発生熱を除去するものです。また浸透作用は研削点近傍に液を浸透させるもので、洗浄性は目づまりを防止するものです。そしてさび止め作用は、工作物や研削盤のさびの発生を抑制するものです。このように研削油剤は、加工精度の向上、研削力の低減、砥石寿命の延長、作業の効率化および加工品質の向上などに寄与しています。

第2章 研削加工の準備・段取り作業を始めよう！

図 2-43 | 研削油剤の種類（JIS K2241 参照）

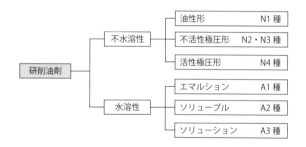

```
研削油剤 ─┬─ 不水溶性 ─┬─ 油性形          N1 種
          │            ├─ 不活性極圧形    N2・N3 種
          │            └─ 活性極圧形      N4 種
          └─ 水溶性 ───┬─ エマルション    A1 種
                       ├─ ソリューブル    A2 種
                       └─ ソリューション  A3 種
```

図 2-44 | ソリューブルとエマルションタイプの研削油剤

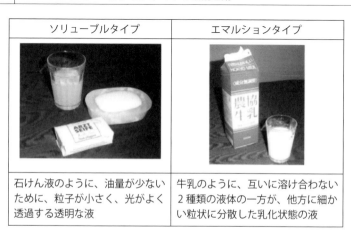

ソリューブルタイプ	エマルションタイプ
石けん液のように、油量が少ないために、粒子が小さく、光がよく透過する透明な液	牛乳のように、互いに溶け合わない 2 種類の液体の一方が、他方に細かい粒状に分散した乳化状態の液

図 2-45 | 研削油剤の役割 （切削油技術研究会）

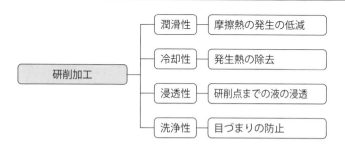

```
研削加工 ─┬─ 潤滑性 ── 摩擦熱の発生の低減
          ├─ 冷却性 ── 発生熱の除去
          ├─ 浸透性 ── 研削点までの液の浸透
          └─ 洗浄性 ── 目づまりの防止
```

要点 ノート

研削に多く用いられる水溶性切削（研削）油剤には、エマルション（A1 種）、ソリューブル（A2 種）およびソリューション（A3 種）があり、その作用には、潤滑、冷却、浸透、洗浄およびさび止めなどがあります。

4 研削油剤の選択と取り扱い

研削油剤とその選択

❶水溶性切削（研削）油剤の特性比較

　水溶性切削油剤には、油の粒子がもっとも大きなエマルション、その粒子が小さなソリューブル、そして油の粒子を含まないソリューションがあります。表2-11はそれら油剤の特性を比較したものです。油の粒子がもっとも大きなエマルションは潤滑性がもっとも高く、粒子の小さなソリューブルは中間で、油脂分をまったく含まないソリューションはもっとも低くなっています。また冷却性や浸透性（洗浄性）はソリューブルとソリューションが高く、エマルションは低くなっています。

❷研削油剤の選択の目安

　図2-46に示すように、研削時に潤滑性を必要とするならば、エマルションやソリューブルを選択し、冷却性を重視するならば、ソリューブルやソリューションを用いることになります。通常、エマルションは切削加工に用いられ、一般的な研削加工には冷却性に優れるソリューションが、そして加工条件が厳しい場合はソリューブルが使用されています。

❸研削加工方式と研削油剤

　平面研削の場合は、一般的に潤滑性や洗浄性はあまり必要としませんが、良好な表面粗さが求められる場合は、洗浄性が要求されます。また粘性が高く目づまりしやすい工作物の場合は、潤滑性が必要とされます。円筒研削の場合は、洗浄性と潤滑性がともに必要とされ、内面研削やセンタレス研削の場合は、とくに洗浄性が要求されます。工具研削、ねじ研削、歯車研削のように、加工精度の高い加工には不水溶性切削油剤（N3種、N4種）が使用されます。

❹工作物材質と研削油剤

　図2-47に各種工作物と研削油剤の選択の目安を示します。炭素鋼や合金鋼の研削には、不水溶性切削油剤、ソリューブルおよびソリューションが用いられます。また加工硬化しやすいステンレス鋼の場合は、潤滑性の高い活性極圧形切削油剤とソリューブルが使用されています。鋳鉄の研削には、油性形切削油剤、ソリューブルおよびソリューションが、またアルミ合金の場合は、油性形切削油剤とソリューブルが適用されています。

表 2-11 水溶性切削（研削）油剤の特性比較

組成	エマルション	ソリューブル	ソリューション
潤滑性	○	△	×
冷却性	△	○	○
浸透性（洗浄性）	△	○	○

○：優、△：良、×：劣

図 2-46 水溶性切削油剤選択の目安 (切削油技術研究会)

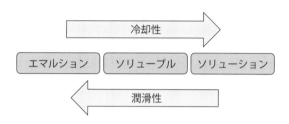

図 2-47 工作物材質と研削油剤 (切削油技術研究会)

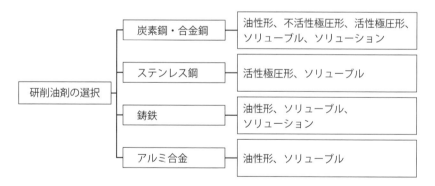

要点 ノート

一般的な研削には、水溶性油剤（研削液）が用いられ、潤滑性を重視する場合はソリューブルが、また冷却性の場合はソリューションが使用されます。精度の厳しい工具・ねじ・歯車研削では不水溶性切削油剤が適用されています。

【4】研削油剤の選択と取り扱い

水溶性研削油剤の希釈と濃度

❶水溶性研削油剤の希釈方法
　水溶性の研削油剤は、適切な濃度に希釈して使用することが大切です。研削油剤を希釈する場合は、図2-48に示すように、必ずオイルタンクなどの容器に希釈水を先に入れて、その後、棒などを用いてその液を撹拌しながら、油剤を注ぐようにします。容器に水溶性研削油剤を入れた後、水道水などで希釈すると、油剤が均一に溶けない場合があります。

❷水溶性研削油剤の濃度と倍率
　水溶性研削油剤を希釈する場合の倍率は、原液をどの程度に薄めたかを示すもので、また濃度は希釈した液の中に原液がどの程度含まれているかを示すものです。この場合、図に示すように、倍率＝100／濃度で、濃度＝100／倍率と覚えておくとよいでしょう。

❸水溶性研削油剤の適正倍率
　水溶性研削油剤を上手に使用するには、適正倍率で希釈することが大切です。一般的な研削の場合、その適正倍率は30〜50倍です。水溶性研削油剤を購入すると、通常、カタログなどに適正倍率が表記されているので、その値を参照して、希釈するようにしましょう。

❹水溶性研削油剤の濃度の影響
　研削液が高濃度の場合は、表2-12に示すように、消泡性が悪い、塗装がはがれやすい、手荒れしやすくなるなどのトラブルが発生します。また油剤のコストも高くなります。反対に低濃度になると、工作物や研削盤がさびやすい、液が腐敗しやすい、研削性能が低下するなどの不都合が生じます。そして工作物の精度が低下するとともに、バラツキも多くなり、工具寿命も低下します。

❺水溶性研削油剤の濃度の管理
　長期間、研削液を用いて作業していると、その量が減少します。その場合は、油剤と希釈水を別々に補充するのではなく、適正倍率で希釈した液を補充しましょう。そして水分が蒸発して、研削液が高濃度になっていることもあるので、図2-49に示すように、日常的に濃度検査をして、補充液の濃度を調整することが大切です。

図 2-48 研削油剤の希釈と倍率 (関西特殊工作油)

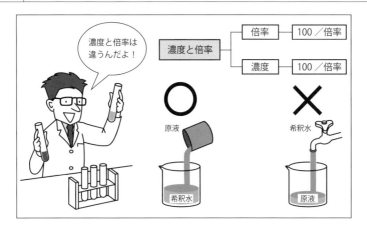

表 2-12 研削油剤の濃度の影響 (ケミック)

高濃度	消泡性が悪くなる 塗装をはがしやすい 手荒れしやすい コストが高くつく
低濃度	工作物や機械がさびやすくなる 腐敗しやすくなる 切削性（研削性）が悪くなる 工作物の精度がばらついたり、切削工具や砥石の寿命を早める

図 2-49 研削油剤の濃度の管理

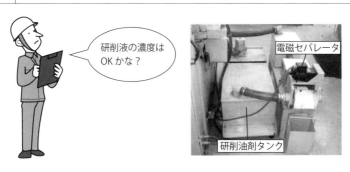

要点 ノート

水溶性研削油剤は適正倍率で使用しましょう。通常、その適正倍率は、30～50倍です。湿式研削を長期間続けていると、研削液の濃度が変化し、研削性能に差異が生じるので、日頃より、その濃度の検査を行いましょう。

4 研削油剤の選択と取り扱い

水溶性研削油剤の劣化と腐敗

❶水溶性切削（研削）油剤の劣化

　水溶性（研削）油剤（研削液）を長期間使用していると、その中に研削盤の機械油が混入し、図2-50に示すように腐敗が促進され、ゲル化するとともに機械汚れが発生します。また切りくずの混入と停滞は、使用液の腐敗促進とともにその褐色化の要因となります。この研削液は牛乳や石けん液のようなものですから、バクテリアが増殖しやすく、そして腐敗を生じます。このような研削液の劣化は、研削性能の低下を招き、加工精度や加工能率に影響します。

❷研削油剤の腐敗

　湿式の研削作業を長期間行うと、研削液が腐敗し、悪臭を発生するようになります。通常、水溶性研削油剤のpHは、図2-51に示すように、8~10の弱アルカリ性になっています。

　表2-13は水溶性研削油剤が腐敗した時のpHと外観・臭気の関係を示します。ただし水溶性研削油剤のpHは、メーカや油剤の種類により、多少、異なります。研削油剤の腐敗早期は、pHが8.5前後で、この場合は外観に変化は見られませんが、臭いがしだします。腐敗が進行すると、油剤が変色し、強烈な悪臭を放つとともに、pH値が小さくなり、酸性に近づきます。

　このように研削油剤が腐敗すると、研削性能の低下とともに、腐敗物質がノズルに詰まったり、油剤タンクの隅に蓄積するなどして、機械トラブルの原因となります。そのため水溶性研削油剤はできるだけ空気に触れないようにすることが大切です。また研削油剤が腐敗しだしたら、防腐剤を添加し、また使用液の濃度が低くなっている時は、原液を補充し、その濃度調整を行います。そして腐敗がより進行したらならば、研削油剤を更新します。

❸機械油と切りくずの除去

　機械油が研削液に混入すると、研削性能が低下するので、混入油除去器（チューブスキムマ）などを用いて、油剤タンクの液面に浮遊した混入油を除去します。また研削時の切りくずは、集塵器、電磁セパレータおよびペーパフィルタなどを用いて除去します。このように研削作業時には研削液の機械油と切りくずの除去をしっかりと行い、定期的に油剤を更新しましょう。

第 2 章　研削加工の準備・段取り作業を始めよう！

図 2-50　水溶性研削油剤の劣化要因と劣化状態　(ユシロ化学工業)

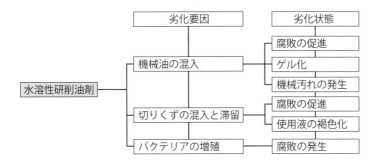

図 2-51　水溶性研削油剤の pH

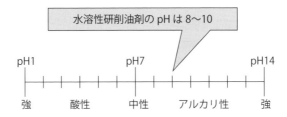

表 2-13　水溶性切削（研削）油剤の腐敗とその対策　(ケミック)

	外観・臭気	菌数(個/CC)	pH	対　策
早期	外観に変化は見られない 臭いがしだす	$10^4 \sim 10^5$	8.5 前後	防腐剤（DBC120）の添加 濃度が低い場合、原液を添加する
中期	やや灰色か薄い茶色	$10^5 \sim 10^6$	8 前後	防腐剤 DBC120 の添加 （100L に対し 100cc） 油剤の更新後半年以上の場合、早めに更新する
後期	黒ずんだ色 強烈な悪臭	10^7 以上	8 以下	液を更新する

要点　ノート

研削油剤（研削液）は牛乳や石けん液のようなものなので、腐敗します。研削液が腐敗すると、変色し、臭いを放つようになります。このような研削液の腐敗は研削性能の低下を招き、また機械トラブルの原因となります。

【4】研削油剤の選択と取り扱い

研削油剤の管理と健康問題

❶研削油剤の定期検査
　研削油剤の管理を個々の作業者が行うと、その性能にバラツキを生じます。そのため研削油剤の保管や管理を行う責任者を置き、定期的に検査をすることが大切です。研削油剤の管理責任者は、**表2-14**に示すように、その外観、臭気、pH、濃度、他油混入量、さび止め性および腐敗状態を定期的にチェックします。そしてその結果を管理目標と比較して、研削油性状の良し悪しを判断し、液の更新など適切な処置を行います。このような定期的な研削油剤の検査により、油剤劣化にともなうトラブルの発生を未然に防止することができます。

❷研削油剤の更新
　研削油剤を定期的に検査し、その量が減っていたら、同じ油剤を補給します。異なる研削油剤を使用すると、トラブルの原因となることがあります。また研削油剤の検査で油剤性状に問題がある場合は、速やかに新しいものに交換します。研削油剤の交換にあたっては、正しい手順で行うことが大切です。

　図2-52に示すように、研削油剤を更新する前日に、防腐剤を添加した後、研削盤を稼働して液を循環し、殺菌します。次に使用済みの古い研削液をポンプなどでタンクから抜き取り、またそのタンクに付着した油分やさびなどの沈殿物を除去し、きれいに清掃します。そして新しい液をタンクに入れて、機械を作動してフラッシング（液体を流して機械の内部を洗浄すること）した後、その液を抜き取ります。

　次にタンクに水を張り、あらかじめ準備した希釈液、または研削油剤の原液を撹拌しながら入れます。これで研削油剤の更新は完了です。

❸健康障害とその対策
　研削作業の場合、高速で回転する研削砥石と工作物間に研削油剤を供給するので、その液が噴霧化しています。その噴霧を吸い込んだりすると健康障害を生じることがあるので、**図2-53**に示すように、マスクを着用しましょう。また研削液が目に入ると炎症を起こすことがあるので、眼鏡を着用します。そして腐敗した研削液に手を触れると、かぶれることがあります。研削液の交換時などでは必ず手袋を着用しましょう。

表 2-14 水溶性切削（研削）油剤の管理項目とその意義 (ジュンツウネット 21)

	項目とその意義
外　観	油剤の色相変化、浮上油分の有無を観察し、油剤の劣化、他油混入の目安となる
臭　気	油剤の腐敗臭気を観察し、腐敗の徴候を事前に察知する
pH	油剤の劣化、腐敗により生じるpH低下を察知し、劣化によるさびの発生、腐敗化の防止のための目安となる
濃　度	油剤の諸性能を十分に活用するため、規定の濃度を維持させる必要がある
他油混入量	他油の混入による油剤の劣化促進、および浮上油分のクーラント表面の被覆による腐敗促進を防ぐため、他油混入量はつねに把握する必要がある
さび止め性	油剤のさび止め性を評価し、現場での工作物、工作機械などのさび発生トラブルを防止する
腐敗試験	油剤の腐敗傾向を定量的にチェックし、クーラントの腐敗によるトラブル発生を事前に防止する

図 2-52　研削油剤の交換手順 (ケミック)

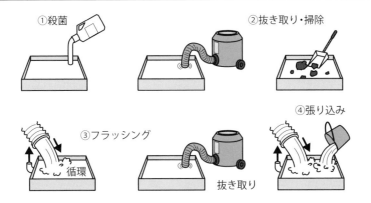

図 2-53　主な健康障害対策

要点 ノート

研削油剤の保管や管理には責任者を置きます。研削液の性状に問題がある場合は、新しいものに交換します。その液の交換は正しい手順で行いましょう。また健康障害を防止するために、眼鏡、マスクおよび手袋を着用しましょう。

【4】研削油剤の選択と取り扱い

研削油剤の供給方法

❶遮断板を用いた研削油剤の供給
　図2-54は円筒研削作業で、通常のノズルを用いた研削液の供給法です。この方法の場合は、砥石外周面近傍の空気層の連れ周りで、砥石と工作物間に研削液を供給しても、研削点近傍にその液が届いていません。そこで図に示すようにノズルに遮断板を設けて、連れ周りする空気層を遮断した後、研削液を砥石と工作物間に供給すると、その液が効率よく研削点近傍に届くようになります。このように研削作業における研削液の供給法では、いかに砥石外周部近傍に連れ周りする空気層を遮断するかがポイントになります。

❷各種ノズルを用いた研削液の供給法
　最近は、環境対応形研削として、研削油剤と電力使用量の削減を目的として、効率の良い研削液供給ノズルの開発が進んでいます。図2-55は直角ノズルを用いた研削液の供給方法です。このノズルの場合は、先端の直角部分で、砥石外周部近傍の連れ周り空気層を遮断し、その後、研削液を供給し、その液が効率良く砥石と工作物間に届くように工夫されています。しかしながらこの方式の研削液供給法は、研削砥石が摩耗し、直角ノズルと砥石の間隔が大きくなると、その性能に差異が生じるという問題点があります。そのためノズル先端部と砥石外周部の間隔を常に一定に保つための調整が必要になります。

　この問題点を解決したのが、図に示すエアーノズルを用いた研削液の供給法です。この方式は、研削点の上部において、砥石の側面からエアーノズルで空気を供給して、連れ周りする空気流を遮断した後、研削点近傍の砥石表面に対して、その接線方向からストレートタイプのノズルを用いて、少流量の研削液を供給するものです。この方式では、ノズル先端部と砥石外周部の間隔を一定に保つ必要がないという利点があります。

　図2-56は、連れ周りする空気流を遮断した場合としない場合の研削液（クーラント）の供給状態を示しています。空気流を遮断しない場合は、その影響で、研削液が砥石外周部に届いていません。一方、空気流を遮断すると、研削液が砥石外周部に到達しています。このように研削液を供給する場合には、連れ周りする空気流を遮断することがポイントになります。

図 2-54 | 空気遮断板を用いた研削油剤の供給 (重松)

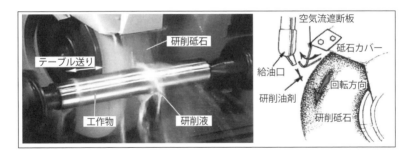

図 2-55 | 各種ノズルを用いた研削油剤の供給 (ジェイテクト)

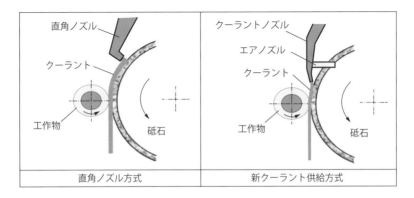

図 2-56 | 空気流遮断時の研削油剤の供給状態 (ジェイテクト)

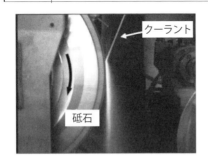 

> **要点 ノート**
> 研削加工の場合は、砥石外周部に沿って連れ周りする空気流を遮断して、研削液を供給することがポイントになります。

5 作業目的に合った研削条件設定の目安

研削条件が研削性能に及ぼす影響

❶研削抵抗と研削形態

砥粒保持力fcと砥粒研削抵抗fとの比、f/fcは砥粒の脱落する確率を示し、その値が1に近づくと目こぼれ形の研削となり、0に近づくと目つぶれ形の研削となります。そのため同一の研削砥石（fcが一定）を用いて、研削抵抗が増大するような条件に変更すると、目こぼれ形の研削に、また反対に小さくなるような条件にすると、目つぶれ形の研削になりやすくなります（図2-57）。

❷砥石切り込みと研削性能

砥石の切り込みを大きくすると、表2-15に示すように、砥石と工作物の接触弧の長さが大きく、接触面積が増大するので、研削抵抗が大きくなり、また研削焼けなどの熱的損傷も発生しやすくなります。また研削抵抗が大きくなると、砥粒に作用する研削力も増大し、目こぼれを生じやすくなるので、砥石摩耗が大きくなり、表面粗さも悪化します。

❸送りと研削性能

研削時に送りを大きくすると、研削抵抗が大きくなり、目こぼれ形の研削になりやすくなります。そのため砥石摩耗が大きく、仕上げ面も悪化します。反面、自生作用が活発化するので、発熱が小さく、研削温度が低くなります。そして鋼材の研削の場合、研削焼けなどの熱的損傷は発生しにくくなります。

❹砥石周速度と研削性能

砥石の周速度が高くなると、平均切りくず断面積が小さくなり、砥粒に作用する研削力も小さくなります。そのため目つぶれ形の研削になりやすく、研削温度が高くなり、鋼材の研削では研削焼けが発生しやすくなります。また砥石を高速で回転するため、その安定性が低下します。

❺工作物周速度の影響

工作物周速度を高くすると、平均切りくず断面積が大きくなり、砥粒に作用する研削力が増大します。そのため目こぼれ形の研削となりやすく、ビビリマークが発生しやすくなります。また砥石摩耗が大きく、工作物の寸法精度や形状精度の維持が困難になります。反面、鋼材の研削では、目替わりが活発化するので、研削焼けなどの熱的損傷が生じにくくなります。

| 図 2-57 | 研削条件と研削形態 |

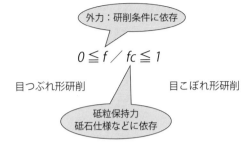

| 表 2-15 | 研削条件と研削性能 |

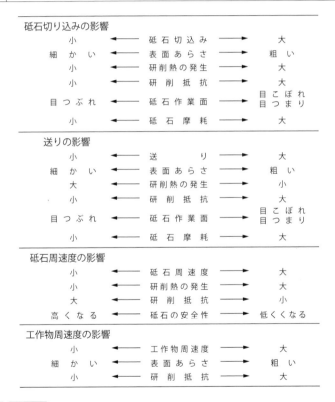

要点 ノート

研削時に砥石周速度を高くすると、目つぶれ形の研削になりやすく、工作物周速度、切り込みおよび送りを大きくすると、目こぼれ形の研削になりやすくなります。

5 作業目的に合った研削条件設定の目安

研削条件設定の目安（その1）

❶砥石形状と砥石周速度の目安

　表2-16は研削砥石の形状と砥石周速度の目安を示します。平面研削や円筒研削に用いられる1号平形、5号片へこみ形および7号両へこみ形の砥石周速度は結合度に依存し、軟質で約1700 m/minで、また硬質で約2000 m/minです。またビトリファイド砥石と比較し、レジノイド砥石の周速度は高くなっています。

　工具研削などによく用いられる6号ストレートカップ形、11号テーパカップ形、12号さら形、38号片ドビテール形および39号両ドビテール形の周速度は、軟質で約1400 m/minで、また硬質で約1700 m/minとなっています。

❷作業別ビトリファイド砥石周速度の目安

　表2-17は作業別ビトリファイド砥石周速度の目安です。通常の円筒研削では周速度の範囲は1700〜2000 m/minの範囲で、内面研削の場合は、砥石径が比較的小さく、また砥石軸回転数も大きくできないので、その範囲は600〜1800 m/minとなっています。平面研削の場合は、円筒研削と比較し、接触弧の長さが大きいので、砥石周速度が低く、1200〜1800 m/minです。そして通常の工具研削の場合も、円筒研削と比較し、砥石周速度が低く、1400〜1800 m/minとなっています。このように砥石形状や作業の種類によって使用するビトリファイド砥石の周速度が異なることに注意してください。

❸各種研削作業における工作物材質と工作物速度の目安

　砥石周速度Vと工作物速度vの比v/Vは、$1/100 \leq v/V \leq 1/50$の範囲に設定されます。そのため砥石の周速度に応じて工作物の速度も定まります。

　表2-18は各種研削作業における工作物材質と工作物速度の目安を示します。通常の工具鋼や焼き入れ鋼の円筒研削における荒削りの場合、工作物速度は15〜20 m/minで、仕上げで6〜16 m/minです。また軟質の銅合金やアルミ合金の場合は、鋼材の研削と比較し、工作物速度が高く、それぞれ25〜30 m/minおよび25〜40 m/minです。そして焼き入れ鋼材の仕上げ平面研削では、工作物速度が30〜50 m/minで、円筒研削と比較し高いことがわかります。

表 2-16 砥石形状と砥石周速度の目安 [17]

(m/min)

砥石の形	ビトリファイド砥石			レジノイド砥石		
	軟	中	硬	軟	中	硬
平　　　　形 テ ー パ 形	1,676	1,892	1,981	1,981	2,438	2,896
片 へ こ み 形 両 へ こ み 形	1,676	1,892	1,981	1,981	2,438	2,896
ド ビ テ ー ル 形 テーパ・カップ形 さ　　ら　　形	1,372	1,676	1,676	1,829	2,438	2,896
カ ッ プ 形	1,372	1,524	1,676	1,829	2,286	2,743

表 2-17 作業の種類と砥石周速度の範囲 [17]

作業の種類	使用周速度の範囲（m/min）
円筒外面研削	1,700～2,000
内面研削	600～1,800
平面研削	1,200～1,800
工具研削	1,400～1,800
ナイフ研削	1,100～1,400
湿式工具研削	1,500～1,800
超硬合金研削	900～1,400

表 2-18 各種研削作業における工作物材質と工作物速度の目安 [18]

(m/min)

作業の様式		軟鋼	焼入れ鋼	工具鋼	鋳鉄	鋼合金	アルミ合金
円筒研削	荒削り	10～20	15～20	15～20	10～15	25～30	25～40
	仕上げ	6～15	6～16	6～16	6～15	14～20	18～30
	精密仕上げ	5～10	5～10	5～10	5～10	−	−
心なし研削	仕上げ	11～20	21～40	21～40	−	−	−
内面研削	仕上げ	20～40	16～50	16～40	20～50	40～60	40～70
平面研削	仕上げ	6～15	30～50	6～30	16～20	−	−

要点 ノート

研削時の砥石周速度や工作物速度は、研削作業の種類、使用する砥石形状、結合度、ボンドの材質および工作物の材質などにより異なります。

5 作業目的に合った研削条件設定の目安

研削条件設定の目安（その2）

❶各種研削作業における工作物の種類と切り込みの目安

　表2-19に各種研削作業における工作物の種類と切り込みの目安を示します。円筒プランジ研削の場合、荒削りの切り込みは、各種工作物において、約0.02～0.04 mmの範囲で、仕上げで約0.005～0.01 mmです。また焼き入れ鋼材の円筒トラバース研削の場合、荒削りの切り込みは0.02～0.04 mmで、仕上げで0.005～0.02 mmとなっています。円筒研削でも、プランジ研削とトラバース研削とでは、切り込みが異なります。

　焼き入れ鋼材の横軸平面研削時の切り込みは、荒削りで0.015～0.03 mmで、仕上げで0.005～0.01 mmです。また立軸平面研削時の仕上げでは、切り込みが0.015～0.02 mmとなっています。このように横軸平面研削と立軸平面研削とでは、砥石軸の剛性や、砥石と工作物の接触状態が異なるので、切り込みにも違いがあります。

　研削様式と切り込みの関係を、焼き入れ鋼材の仕上げで比較すると、円筒プランジ研削で0.01～0.02 mmで、トラバース研削で0.005～0.01 mmとなり、心なし研削の場合は0.005～0.015 mm、また内面研削で0.005～0.01 mm、そして横軸平面研削の場合は0.005～0.01 mmで、立軸で0.015～0.02 mmです。

　このように研削作業の様式や工作物の材質に応じて、目安となる切り込みが多少異なるので、研削時にはこの表を目安にして切り込みを設定してください。

❷砥石幅と送り量

　研削時の送り量は使用する砥石の幅で変化します。理論的には送り量は砥石幅まで可能ですが、通常は、その送り量は砥石幅よりも小さくします。

　研削時の送りが砥石幅の2/3の場合は、図2-58に示すように、砥石の中央部が大きく摩耗します。また送りが砥石幅の1/3の場合は、砥石の両側面部が大きく摩耗します。通常、粗研削（荒削り）の場合には、摩耗量が砥石幅全体で等しくなるような送り量とします。そのため、送り量は砥石幅の3/4～2/3とします。また仕上げ研削の場合は、工作物に切り残しが生じないように、送り量を砥石幅の1/4～1/8とします。

表 2-19　各種研削作業における工作物の種類と切り込みの目安 [18]

(mm)

研削様式		仕上げ程度	軟鋼	焼入れ鋼 HRC41以上	工具鋼	ステンレス鋼 耐熱鋼	鋳鉄
円筒	プランジ研削	仕上げ 荒削り	0.005～0.01 0.02～0.04	0.001～0.002 0.03～0.004	0.005～0.01 0.02～0.03	0.005～0.01 0.02～0.03	0.005～0.01 0.02～0.04
円筒	トラバース研削	仕上げ 荒削り	0.005～0.015 0.015～0.01	0.005～0.015 0.02～0.04	～0.005 0.005～0.01	－	0.005～0.01 0.015～0.04
心なし研削		仕上げ 荒削り	0.005～0.01 0.015～0.03	0.005～0.015 0.02～0.04	0.02～0.03 0.02～0.03	－ 0.02～0.03	－ 0.01～0.03
内面研削		仕上げ 荒削り	0.005～0.01 0.015～0.03	0.005～0.01 0.015～0.03	～0.005 0.005～0.015	～0.005 －	0.005～0.01 0.015～0.03
平面研削	横形	仕上げ 荒削り	0.005～0.01 0.015～0.03	0.005～0.01 0.015～0.03	0.005～0.01 0.02～0.04	－ 0.02～0.03	0.005～0.01 0.015～0.04
平面研削	軸形	仕上げ 荒削り	－ 0.01～0.03	0.015～0.02 －	0.005～0.01 －	－ －	0.005～0.015 0.03～0.04

図 2-58　研削砥石の幅と送り量

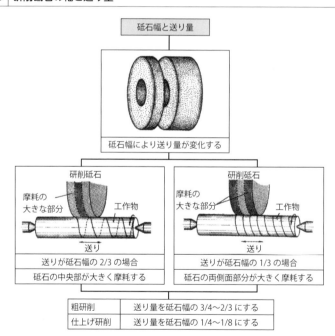

粗研削	送り量を砥石幅の 3/4～2/3 にする
仕上げ研削	送り量を砥石幅の 1/4～1/8 にする

要点｜ノート

研削作業の様式や工作物の材質に応じて、目安となる切り込みが多少異なるので、研削時にはこの表を目安にして切り込みを設定してください。

5 作業目的に合った研削条件設定の目安

各種研削作業における推奨CBNホイールと研削条件の目安

❶標準的なCBNホイールの研削条件

　焼入れ鋼材の研削時にホイール周速度が低いと、砥粒に作用する力が大きくなり、砥粒の脱落が促進され、目こぼれ形の研削になりやすくなります。一方、ホイール周速度が高くなると、砥粒に作用する研削抵抗が小さくなり、切れ刃の摩耗は小さくなりますが、平滑化、鈍化しやすいので、目つぶれが生じやすくなります。そのため、一般的なホイール周速度は、**表2-20**に示すように、1200～2700 m/minとなっています。

　また工作物速度は、通常、砥石周速度Vと工作物速度vの比、v/Vの値が、$1/100 \leq v/V \leq 1/50$ とされていますが、一般的には10～15 m/minが使用されています。また切り込みは、ボンドの種類により異なりますが、通常、0.002～0.2 mmの範囲です。そしてCBNホイールによる鋼材の研削には、水溶性の油剤が用いられており、その希釈倍率は50倍が一般的です。

❷研削様式と工作物材質に応じた研削条件の目安

　表2-21は研削様式と工作物材質に対応した研削条件の目安です。研削様式や工作物材質に関わらず、ホイール周速度は、20 m/s（1200 m/min）～40 m/s（2400 m/min）で、また研削油剤も水溶性または油性のものが使用されています。

　一方、工具鋼（SKH,SKD）や超合金の研削には、砥粒に金属被覆したCBNC砥粒（ホイール）が用いられており、工具鋼（SKS,SK）、構造用鋼、耐食・耐熱鋼および磁性材料には破砕性の高いCBN砥粒（ホイール）が適用されています。

　金属被覆したCBNC砥粒には、通常、ボンドとしてレジンが用いられているので、工具鋼（SKH,SKD）用のものはレジンボンドホイールとなります、一方、工具鋼（SKS,SK）や構造用鋼、耐食・耐熱鋼には、寸法精度や形状精度の維持がレジンボンドと比較し良好なビトリファイドボンドホイールが用いられています。このように研削様式や工作物材質に応じて使用するCBNホイールが異なります。

表 2-20　標準的な CBN ホイールの研削条件

超砥粒ホイール	CBN ホイール
砥粒タイプ	CBN（ビト、メタル）CBNC（レジン）
粒度	＃170〜230
コンセントレーション	75〜120
工作物	鋼材
砥石周速度	1200〜2700m/min
切り込み	0.02〜0.2mm
送り速度	10〜15m/min
研削油剤	油性（50：1）

（参照：http://www.toishi.info/）

表 2-21　各種研削作業における推奨 CBN ホイールと研削条件の目安 (アライドマテリアル)

工作物	研削方式	CBN ホイール仕様	研削条件	
			ホイール周速度（m/s）	研削油剤
工具鋼 SKH SKD	平面、円筒、センタレス	BNC140〜170-75〜100-B	23〜40	水溶性または不水溶性
	内面	BN(C)140〜230-75〜125-V(B)	20〜40	水溶性または不水溶性
	溝	BNC140〜230-100〜125-B	23〜40	水溶性または不水溶性
	刃付け	BNC140〜200-100〜125-B	23〜40	乾式または不水溶性
	ならい	BNC140〜230-100〜125-B	20〜40	乾式または不水溶性
工具鋼 SKS SK	平面、円筒、センタレス	BN140〜230-75〜150-V	23〜40	水溶性または不水溶性
	内面	BN140〜230-100〜125-V	20〜40	水溶性または不水溶性
	溝	BN140〜230-100〜150-V	23〜40	水溶性または不水溶性
構造用鋼 耐食・耐熱鋼	平面、円筒、センタレス	BN140〜230-75〜150-V	23〜40	水溶性または不水溶性
	内面	BN140〜230-100〜125-V	23〜40	水溶性または不水溶性
	溝	BN140〜230-100〜150-V	23〜40	水溶性または不水溶性
	総形	BN170〜230-100〜150-V	23〜40	水溶性または不水溶性
超合金	平面、円筒	BNC140〜170-100-B	23〜40	水溶性または不水溶性
	内面	BNC140〜230-100〜125-V	23〜40	水溶性または不水溶性
	溝	BNC140〜170-100〜125-B	23〜40	水溶性または不水溶性
	総形	BNC140〜230-100〜150-V	23〜40	水溶性または不水溶性
磁性材料	平面	BN140〜170-100-B	23〜40	水溶性または不水溶性
	総形	BN170〜325-100〜125-B	23〜40	水溶性または不水溶性
	切断	BN140〜170-100-B	23〜40	水溶性または不水溶性

要点 ノート

各種研削様式や工作物材質に応じた適切な CBN ホイール、周速度および研削油剤などの目安があるので、メーカのカタログなどを参考にして研削条件を決めましょう。

5 作業目的に合った研削条件設定の目安

各種研削作業における推奨ダイヤモンドホイールと研削条件の目安（その1）

❶セラミックスの標準的な研削条件

　一口にセラミックスといっても多くの種類があり、それぞれ機械的特性が異なるので、多少、研削条件も違いますが、その標準的な研削条件は**表2-22**に示すとおりです。

　ホイールの周速度が低すぎると、目こぼれ形の研削となりやすく、反対に高すぎると目つぶれ形の研削となります。そのため標準的なホイール周速度はこれらの中間の範囲で、約1620 m/min（27 m/s）～1800 m/min（30 m/s）となります。また切り込みは、粗研削で10～30 μm、中仕上げ研削で5～10 μm、そして仕上げ研削で0～5 μmです。そして工作物速度は、6 m/min（0.1 m/s）～18 m/min（0.3 m/s）の範囲が一般的です。

❷各種研削作業における推奨ダイヤモンドホイールと研削条件

　表2-23に各種研削作業における推奨ダイヤモンドホイールと研削条件を示します。工具材料である超硬合金やサーメットの研削には、金属被覆砥粒であるSDCをレジンボンドで固めたダイヤモンドホイールが、各種作業に用いられています。このような工作物では、平面研削、円筒研削、センタレス研削および内面研削の様式にかかわらず、標準的な研削条件は、ホイール周速度が、1380 m/min（23 m/s）～1620 m/min（27 m/s）で、研削油剤は水溶性のものとなっています。

　また窒化ケイ素、炭化ケイ素およびジルコニアの平面研削、円筒研削およびセンタレス研削には、SDC砥粒を用いたレジンボンドダイヤモンドホイールが適用されており、研削様式にかかわらず、標準的な研削条件は、ホイール周速度が、1380 m/min（23 m/s）～1620 m/min（27 m/s）で、研削油剤は水溶性のものとなっています。

　そしてアルミナの場合は、粗研削にSD砥粒を用いたメタルボンドホイールが、そして仕上げ研削にSDC砥粒のレジンボンドホイールが適用されています。またホイール周速度は窒化ケイ素などの場合と同様ですが、研削油剤には水または水溶性のものが使用されています。

表 2-22　セラミックスの標準的な研削条件

ホイール周速度		1620〜1800m/min	27〜30m/s
切り込み	粗研削		10〜30μm
	中仕上げ		5〜10μm
	仕上げ		0〜5μm
工作物速度		6〜18m/min	0.1〜0.3m/s

表 2-23　各種研削作業における推奨ダイヤモンドホイールと研削条件の目安（その1）

（アライドマテリアル）

工作物	研削方式		ダイヤモンドホイール仕様	研削条件 ホイール周速度(m/s)	研削条件 研削油剤
超硬合金 サーメット	TAチップ外周		SDC200〜270-50〜100-B	23〜27	水溶性
	TAチップ平行平面		SDC200〜270-50〜75-B	1.3	水溶性
	TAチップ溝研		SDC200〜325-75〜125-B	23〜27	水溶性
	平面、円筒、センタレス	（粗）	SDC140〜200-75〜100-B	23〜27	水溶性
		（仕）	SDC325〜800-50〜75-B	23〜27	水溶性
	内面		SDC140〜200-75〜100-B	23〜27	水溶性
	ならい	（粗）	SDC(SD)140〜200-100〜125-B(M)	15〜27	乾式または水溶性
		（仕）	SDC270〜400-100〜125-B	15〜27	乾式または水溶性
	両頭平面		SDC140〜325-50〜75-B	23〜27	水溶性
	切断		SDC140〜170-750〜100-B	23〜27	水溶性
窒化ケイ素 炭化ケイ素 ジルコニア	平面、円筒、センタレス	（粗）	SDC140〜170-75〜100-B	27〜30	水溶性
		（仕）	SDC270〜400-75〜100-B	27〜30	水溶性
	内面	（粗）	SD120〜170-P	27〜30	水溶性
		（仕）	SDC170〜270-50〜75-B	27〜30	水溶性
	立軸平面	（粗）	SD140〜175-35〜50-M	27〜30	水溶性
		（仕）	SDC200〜325-50〜75-B	27〜30	水溶性
	切断		SDC140〜170-100〜125-B	27〜30	水溶性
アルミナ チタン酸 バリウム チタン酸 カリウム	平面、円筒、センタレス	（粗）	SD140〜170-75〜100-M	27〜30	水または水溶性
		（仕）	SDC270〜400-75〜100-B	27〜30	水または水溶性
	内面	（粗）	SD120〜170-P	27〜30	水または水溶性
		（仕）	SDC170〜270-50〜75-B	27〜30	水または水溶性
	立軸平面	（粗）	SD140〜170-50〜75-M	27〜30	水または水溶性
		（仕）	SDC200〜400-50〜75-B	27〜30	水または水溶性
	両頭平面	（粗）	SDC230〜325-60〜75-B	27〜30	水または水溶性
		（仕）	SDC600〜800-60〜75-B	27〜30	水または水溶性
	切断		SDC140〜400-75〜100-M	27〜30	水または水溶性
ハードフェライト	平面、円筒、センタレス		SD80〜170-50〜100-M	27〜30	水または水溶性
	両頭平面		SD80〜140-25〜75-M	27〜30	水または水溶性

> **要点 ノート**
> ダイヤモンド砥粒の耐熱性は約600℃なので、ホイール周速度を高くしすぎると、目つぶれ形の研削となり、その切れ味が低下するので注意しましょう。

5 作業目的に合った研削条件設定の目安

各種研削作業における推奨ダイヤモンドホイールと研削条件の目安（その2）

❶ガラス研削（面取り加工）の一般的研削条件

　表2-24に示すように、ガラス研削の場合、粗研削には粒度が100～170のホイールが、また仕上げ研削では#400～500のものが使用されています。このようなガラス研削では目づまりが生じやすいので、コンセントレーションが低い50～60のメタルボンドダイヤモンドホイールが使用されます。また研削油剤は水溶性のもので、その希釈倍率は100：1です。そしてガラス研削の場合には、ホイール周速度に適用範囲があり、通常、900 m/min～1500 m/minとなっています。また切り込みは0.02～0.1 mmで、工作物速度は、10～15 m/minが一般的です。

❷各種研削作業における推奨ダイヤモンドホイールと研削条件の目安

　表2-25に各種研削様式と工作物材質に応じた推奨ダイヤモンドホイールと研削条件の目安をまとめてあります。通常、ダイヤモンドホイールで硬脆材料を研削する場合、その粒度によって表面粗さがほとんど決まってしまうので、粗研削と仕上げ研削ではホイールの粒度が異なります。また研削方式や工作物材質に応じて研削条件が異なるので、各種硬脆材料の研削作業においては、この表やメーカのカタログを参考にして、研削条件を設定することが大切です。

表 2-24　ガラス研削（面取り加工）の一般的な研削条件

ホイール周速度	15～25m/sec（900～1500m/min）
切り込み量	0.02～0.1mm
送り速度	10～15m/min
砥粒の種類	SD（メタル）、SDC（レジン）
粒度（粗研削）	#100～170
（仕上げ研削）	#400～500
コンセントレーション	50～60
研削液	水溶性（100：1）
ホイル寸法	外径 150mm～204mm

（参照：http://www.toishi.info/product/glass.html）

表 2-25　各種研削作業における推奨ダイヤモンドホイールと研削条件の目安（その2）

（アライドマテリアル）

工作物	研削方式		ダイヤモンド ホイール仕様	研削条件	
				ホイール周速度 （m/s）	研削油剤
サマリウム コバルト	総形		SD80〜140-P	27〜30	水または水溶性
	切断		SD140〜170-60〜75-M	27〜30	水または水溶性
ソフト フェライト	平面、円筒		SD325〜600-50〜75-M	27〜30	水溶性
	両頭平面		SDC230〜400-50〜75-B	27〜30	水溶性
	総形		SD200〜600-75〜100-M	27〜30	水溶性
	切断		SD170〜200-60〜75-M	27〜30	水溶性
シリコン	平面、円筒		SD80〜120-25〜60-M	15〜27	水または水溶性
	円周刃切断		SD400-P	15〜20	純水＋界面活性剤
	面取り		SD600〜800-75〜100-M	17〜23	純水
	立軸平面	（粗）	SD400〜800-75-M	30〜33	純水
		（仕）	SD1000〜400-75〜125-M	30〜33	純水
	ダイシング		SD2000〜3000-P	60〜100	純水
水晶	平面、円筒	（粗）	SD80〜120-25〜60-M	23〜27	水溶性
		（仕）	SD(SDC)400〜600-50〜60M(B)	23〜27	水溶性
	切断		SD170〜200-30〜50-M	15〜17	不水溶性
ガラス	平面、円筒、センタレス	（粗）	SD80〜170-25〜75-M	27〜37	水または水溶性
		（仕）	SD230〜325-50〜75-M	27〜37	水または水溶性
	面取り		SD140〜170-50〜75-M	27〜47	水
	球面		SD200〜270-50〜75-M	17〜23	水溶性
	心取り		SD325〜400-P	23〜27	不水溶性
	切断		SD0〜1700-25〜50-M	23〜40	水または水溶性
貴石、宝石	平面、円筒、センタレス	（粗）	SD80〜170-60〜75-M	19〜23	水
		（仕）	SD230〜400-50〜75-M	19〜23	水
	切断		SD170〜325-10〜25-M	19〜23	水
石材	平面		SD40〜80-25〜40-M	23〜27	水
	ポリシング	（粗）	SD50〜60-20〜30-M	5〜10	水
		（中）	SD200〜400-20〜30-M	5〜10	水
		（仕）	SD800〜1500-5〜20-B	5〜10	水
	切断		SD30〜50-25-M	23〜30	水
耐火レンガ	平面		SD40〜80-25〜50-M	23〜27	水
	切断		SD40〜60-25〜30-M	30〜40	水

要点 ノート

ダイヤモンドホイールを用いた研削の場合、表面粗さはおおむねその粒度により決定されるので、粗研削には低い粒度のホイールが、また仕上げ研削には高い粒度のものが使用されています。

コラム

● エンジニアリング・テクノロジストを目指して ●

　日本には、技術者（エンジニア）と技能者（テクノロジスト）という区分けしかありませんが、重要なのは技術と技能を兼ね備えた技術技能者（エンジニアリング・テクノロジスト）です。日本の強みは、技術技能者が多くいることです。しかしながら団塊世代の大量退職にともない、技術技能者が急激に少なくなっています。またコンピュータ技術の発展とともに、「熟練技能者はいらない」という風潮も見られます。しかし有名な経営学者、ピーター・ドラッガー氏が、「イギリスが没落したのは、製造テクノロジスト（技能技術者）を社会的に評価しなかったからだ」と述べているように、コンピュータ技術も大切ですが、エンジニアリング・テクノロジストを育成することも重要なのです。

　研削加工の場合は熟練技能が必要とされるので、とくに基本が大事で、決められたことを、決められた方法で、確実に、長く続けて行うことが大切です。まず図面を見て、工作物が丸物か角物かによって、研削盤の種類を決めます。また精密軽研削か、高能率重研削かによって研削盤の馬力や砥石の種類が決まります。研削作業においては砥石の選択ができれば、作業の8割が決まったといわれていますが、残念ながら、この砥石選択は、まだコンピュータではできず、熟練技能者の経験に依存しているのが実情です。砥石の選択が終わったら、砥石をフランジに取り付け、振れ取りをした後、バランス調整をします。この場合、研削砥石がしめっていると、バランス調整が正確にできません。そして砥石を研削盤の主軸に取り付け、ツルーイング・ドレッシングをします。この場合、ツルーイング・ドレッシングが完了したという判断は作業者が行っているのが実情です。これでは砥石の切れ味に差異が生じ、工作物の品質にもバラツキが生じます。

　さらに研削の初期に良好な切れ味だった砥石も、研削の進行にともない、作業面上の切れ刃の平滑化、鈍化により、作業の継続が困難になります。この目立て間寿命の判断も、作業者の経験に基づいています。このように研削作業には未だに作業者の経験に基づくものが多々あります。

　みなさんには、このような研削作業の基本と基礎理論を習得し、技術と技能を兼ね備えた技術技能者になり、研削加工を上手に行うとともに、基盤加工技術を次世代に継承していただきたいと思います。

【 第3章 】
実作業のポイントを押さえておこう!

1 安全作業のポイント

研削作業にあたって守るべきこと

❶正しい服装を心がけよう！

　研削作業を安全に、かつ上手に行うには、正しい服装であることが基本です。作業着を常に清潔に保ち、作業にあたっては前ボタンや袖口のボタンを外してはいけません。機械に巻き込まれる恐れがあるので、必ずボタンをかけるようにします。また作業にあたっては、帽子またはヘルメットを着用し、また安全靴を履き、保護眼鏡をかけるようにします。そして研削油剤の噴霧を吸い込まないようにマスクを着用し、研削液を交換する場合などでは、手袋を着用しましょう。このような正しい服装で作業を行い、常に整理、整頓、清掃および清潔の4Sを心がけることが大切です。

❷研削作業にあたっての主な注意事項

　新しく研削砥石を購入し、運搬する場合には、台車の上に平積みをしてはいけません。研削砥石は圧縮力には強いが、引っ張りや曲げに弱い性質があります。そのため運搬時は、図2-20（79ページ）に示すように、段ボール箱などを利用し、研削砥石を立てて積むようにします。

　また新しく砥石を使用する場合は、図3-1に示すように必ず打音試験をし、キズの有無を確認します。そして研削砥石をフランジに取り付ける場合は、ラベルに記された砥石の仕様や最高使用周速度を確認します。この時、ラベルをはがしてはいけません。砥石を取り付けるフランジは、固定側、移動側ともに同一直径のもので、変形やキズなどのないものを使用しましょう。砥石をフランジに取り付けたならば、振れ取りをした後、バランス調整を正確に行います。この場合、砥石がしめっているとバランス調整が正確にできません。

　両頭グラインダに砥石を取り付ける場合は、図3-2に示すように、ワークレストとの間隔を適正に保つようにします。また研削盤の砥石カバーは適正なもので、それをしっかりと取り付けます。砥石を研削盤に取り付けた場合は、メインスイッチをON/OFFして、徐々に周速度を上げます。一気に砥石周速度を上げてはいけません。そして3分間以上の空運転を行います。また研削作業にあたっては、砥石の飛散方向に立つのは厳禁です。研削作業においては、作業の基本を確実に守り、それを毎日、継続して行うことが大切です。

第3章 実作業のポイントを押さえておこう！

図 3-1 研削作業にあたっての主な注意事項（その1）

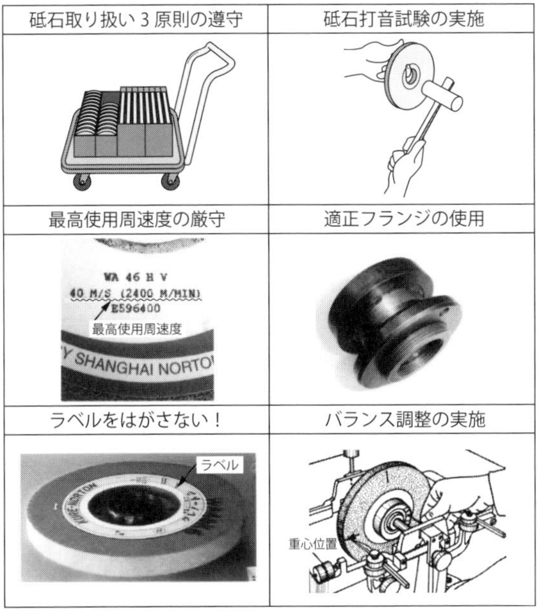

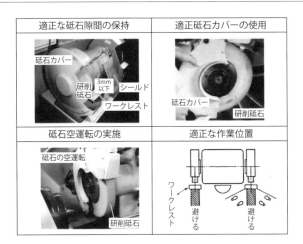

図 3-2 研削作業にあたっての注意事項（その2）

> 要点 ノート
>
> 研削作業を正しい服装で行いましょう。また作業にあたっては、その基本を忠実に守り、そして毎日、継続して行うことが大切です。

1 安全作業のポイント

研削作業ですべきこと・してはいけないこと

❶研削作業においてすべきこと

　研削作業において、すべきことをまとめたのが**表3-1**です。この他に、研削作業においてもっとも大切なことは、安全作業を心がけるということです。作業時における乱れた服装は、「失敗」や「ケガ」の原因となるので、正しいものを着用します。また整理、整頓、清掃は安全作業の第一歩で、作業に取り組む「人」の基本的な習慣とすることが大切です。作業テーブルの上に工具や測定具が散乱していては、上手な作業はできません。散らかさない、散らかしたら片付け、そして定められた場所に置くことを心がけましょう。また床などに研削油剤がこぼれていると、滑って転倒の原因となるので、常に作業周りを清掃することが大切です。

　次に作業にあたっては、正しい作業手順を守ることが大切です。災害や失敗は作業の「慣れ」により、起きやすく、「うっかりミス」によるものが多いので、安全な作業手順を守るようにしましょう。

❷研削作業においてしてはいけないこと

　表3-2は研削作業において、してはいけないことをまとめたものです。この表の中でとくに重要なのは、特別教育を受けていない作業者が、砥石の交換をしたり、試運転をしてはいけないということです。

　研削砥石の取り替えなど（自由研削）の業務に係る特別教育とは、「労働安全衛生法第59条第3項」に定められており、『事業者は、危険または有害な業務で、法令で定められるものに労働者をつかせるときは、その業務に関する安全または衛生のための特別教育を行わなければならない』とされています。労働安全衛生規則第36条1号に基づけば、「研削砥石の取り替えまたは取り替え時の試運転業務」は当然、上記の業務にあたります。

　特別教育のカリキュラムは、学科講習（1日間）と実技講習（1日間）となっており、講義の内容は、自由研削用研削盤、自由研削用砥石、取付け具に関する知識、自由研削用砥石の取り付け方法および試運転の方法に関する知識と関係法令です。また実技講習は、自由研削用砥石の取り付け方法および試運転の方法です。

表 3-1 研削作業においてすべきこと (クレトイシ)

	研削作業においてすべきこと
1	「ころがすな、落とすな、ぶつけるな」の3原則を守って研削砥石を取り扱う。 砥石を保管する場合は、できるだけ保管棚を用い、乾燥した場所に置く。
2	砥石を研削盤に取り付ける場合は、ひびや割れの外観検査と打音試験を行う。
3	砥石に表示されている形状・寸法および最高使用周速度が機械と適合しているか確認する。
4	外径や接触幅が左右等しい機械に適したフランジを使用する。
5	砥石に貼り付けられたラベル(パッキン)をはがさないで使用する。
6	適切なバランスウエイトを用いて砥石のバランス調整をする。
7	卓上グラインダの場合は、砥石とワークレストの隙間を3mm以下に調整する。
8	軸付き砥石を機械に取り付けた場合、その取り付け後の軸の長さは13mmが標準。
9	砥石カバーは、常に砥石の1/2を覆う適切なものを使用する。
10	作業の開始に当たっては1分間以上、また砥石を交換した場合は、3分間以上の試運転を行う。
11	作業中は保護メガネなどの保護具を必らず着用する。
12	湿式研削の場合は、研削液を完全に振り切ってから砥石回転を停止する。
13	研削時の火花を遮へい板などで防止する。
14	乾式研削の場合は、とくに粉じんの飛散防止と十分な換気を行う。

表 3-2 研削作業においてしてはいけないこと (クレトイシ)

	研削作業においてしてはいけないこと
1	落としたり、ぶつけたり、また検査で異常のあった砥石は使用しない。
2	砥石の穴径が機械のフランジに合致していない場合、無理に押し込んだり、その径を修正しない。
3	砥石に表示された最高使用周速度を超えて使用することは禁止。
4	砥石との接触面に変形、キズ、サビおよびヨゴレなどのあるフランジは使用しない。
5	砥石をフランジに取り付ける場合、ナットやボルトを締めすぎてはいけない。
6	側面の使用を目的とした砥石以外は、その側面の使用は禁止。
7	砥石カバーなしで、または取り付ける前に砥石を回転させない。
8	工作物を無理に砥石に押し付けたり、または砥石を無理に工作物に押し付けない。
9	回転中の砥石に直後、身体を触れることは禁止。
10	試運転時に砥石の回転方向に立たない。
11	砥石の回転が停止する前に、携帯用のグラインダを台、床および工作物などの上に置かない。
12	引火や爆発の恐れのある場所で研削作業を行わない。
13	研削時の火花の飛散する範囲に立ち入らない。
14	安全教育を受けていない作業者に砥石を交換したり、試運転をさせない。

要点 ノート

研削作業にあたっては、すべきことと、してはいけないことを十分に理解しておくことが大切です。とくに研削砥石の取り替えや取り替え時の試運転に携わる作業者は、特別教育を受けておくことが大切です。

2 平面研削作業のポイント

研削砥石のフランジへの取り付けとバランス調整

❶研削砥石のフランジへの取り付け

　研削砥石をフランジに取り付ける場合は、最初にフランジに変形、打痕、さびおよびキズがないかよく調べます。とくに砥石軸にはめ込むフランジのテーパ穴のキズをよくチェックしてください。フランジのチェックが終わったら、きれいに掃除し、図3-3に示すように、打音試験の終わった研削砥石をはめ込みます。この場合、フランジと砥石の中心のずれを小さくします。そして移動フランジを仮締めし、その後、専用スパナを用いて本締めします。

❷研削砥石のバランス調整

　研削砥石を取り付けたフランジを平面研削盤の砥石軸に取り付け、ダイヤモンドドレッサを用いて振れ取り（ツルーイング）をします。この場合、研削液をかけてはいけません。砥石が研削液で濡れていると、バランス調整中に液が移動するので、その作業が上手に行えません。

　図3-4に示す天秤式バランス台を用いて研削砥石のバランス調整をする場合は、最初に水準器によりバランス台の水平調整をします。次に、バランス台の天秤のバランス調整をします。研削砥石のバランス調整を上手に行うには、この天秤のバランス調整を正確に行っておくことが大切です。

　バランス台の調整が終わったら、図に示すように、フランジに専用マンドレルを取り付け、そのマンドレルの両側を持って、バランス台に静かに載せます。そして研削砥石の重心位置を見つけます。砥石の重心が真下にくると、指針は0点を示し、そうでない場合は、指針が振れます。砥石の重心位置が見つかったならば、その位置とその反対側の位置に印を付けます。そして砥石を手で90度回し、直角位置を示す指針をバランス台に取り付け、砥石に重心と90度の位置に印を付けます。

　次に図に示すように、重心位置の反対側にバランス駒を取り付けます。また重心位置と90度の場所にバランス駒を2個取り付け、バランスを調べます。そしてアンバランスがある場合は、2個の駒を中心と等角度で移動し、指針が正確に0点を示すまで調整します。次に砥石の重心を真下または真上にして、90度方向のバランスを調べ、良好ならば、バランス駒の本締めをします。

図 3-3 研削砥石のフランジへの取り付け

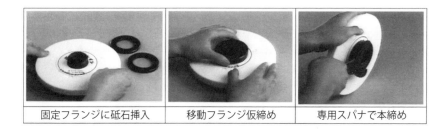

固定フランジに砥石挿入 / 移動フランジ仮締め / 専用スパナで本締め

図 3-4 研削砥石のバランス調整

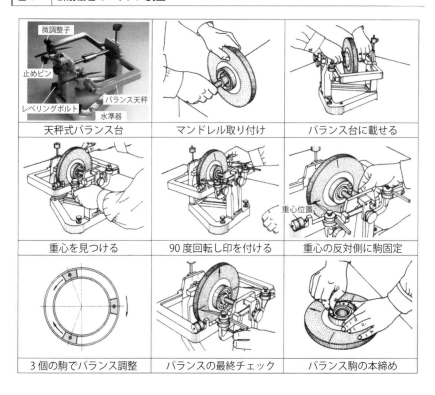

天秤式バランス台 / マンドレル取り付け / バランス台に載せる
重心を見つける / 90度回転し印を付ける / 重心の反対側に駒固定
3個の駒でバランス調整 / バランスの最終チェック / バランス駒の本締め

(ラベル: 微調整子、止めピン、レベリングボルト、バランス天秤、水準器、重心位置)

> **要点 ノート**
>
> 研削液をかけて砥石の振れ取りをすると、その後のバランス調整が上手にできません。また研削砥石のバランス調整においては、砥石の重心方向とその直角方向のアンバランスの修正がともに正確に行われていることが大切です。

【2】平面研削作業のポイント

研削砥石の主軸への取り付けと
ツルーイング・ドレッシング

❶研削砥石の砥石軸への取り付け

　研削砥石を横軸平面研削盤の砥石軸へ取り付ける場合は、まず最初に砥石軸とフランジのテーパ穴の清掃をしっかりと行います。そして砥石の砥石軸への取り付けは、図3-5に示すように、研削盤の正面から行います。この場合、脱落砥粒や切りくずを砥石軸とテーパ穴の隙間に挟まないようにすることが大切です。フランジを砥石軸にはめ込んだら、隙間やガタがないか確認しましょう。はめ込み状態の確認が終わったら、専用スパナを用いて、フランジを砥石軸にしっかりと固定します。

❷砥石頭ドレッサによるツルーイング・ドレッシング

　砥石頭ドレッサを用いてツルーイング・ドレッシングをする場合は、図3-6に示す鋭利な単石ダイヤモンドドレッサをドレッサホルダに取り付けます。そして砥石の外周面にマジックインクなどを塗り、ドレッサの0点設定を行った後、所定の切り込みを与えて、手動送りでツルーイングします。この場合、マジックインクが除去されれば、ツルーイングが終わったことになります。

　またツルーイングの後、ドレッサに0.01 mm～0.02 mm程度の切り込みを与え、研削液を供給して、手動送りでドレッシングをします。

　この場合、問題となるのは、砥石頭ドレッサの取り付け状態です。図に示すように、砥石軸の方向とドレッサの移動方向が一致していない場合は、一定のドレス切り込みでも、砥石の除去量が異なるので、研削時に砥石の角が当たり、研削面に送りマークが生じるので注意してください。

❸電磁チャックに取り付けたドレッサによるツルーイング・ドレッシング

　電磁チャックに取り付けたドレッサでツルーイング・ドレッシングする場合は、チャック面に対しダイヤモンドドレッサを約5度傾けて取り付け、またその先端の角部が砥石に当たるようにします。そして研削盤のテーブルを手送りして、上記と同様にツルーイングします。またドレッシング時は研削液がドレッサ先端に届くようにします。もし砥石頭ドレッシングにより、研削面に送りマークが生じたら、電磁チャック面にドレッサを取り付けドレッシングすれば、この送りマークは消失します。

第3章 実作業のポイントを押さえておこう！

図 3-5 研削砥石の砥石軸への取り付け

| 砥石を主軸にはめ込む | はめ込み状態の確認 | スパナで砥石を固定 |

図 3-6 砥石頭ドレッサによるツルーイング・ドレッシング

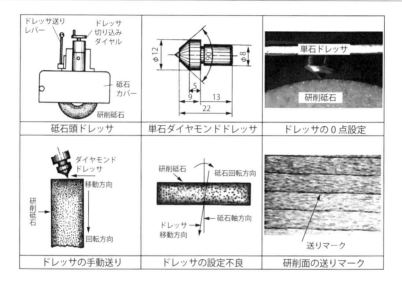

図 3-7 電磁チャックに取り付けたドレッサによるツルーイング・ドレッシング

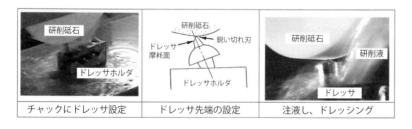

> **要点 ノート**
>
> 平面研削におけるドレッシング法には、砥石頭ドレッサ装置を用いるものと、電磁チャックにドレッサを取り付けて行う方法があります。いずれの場合もドレッサを約5度傾け、その鋭利な先端が砥石に当たるようにします。

2 平面研削作業のポイント

各種工作物の電磁チャックへの取り付け方法

❶六面体工作物の取り付け方法

図3-8はもっとも基本的な六面体工作物の電磁チャックへの取り付け方法です。この方法は、電磁チャックをウエス（ぼろ布）できれいに清掃し、そして工作物をその面に静かに載せ、励磁をして取り付けるものです。

❷代表的な工作物の取り付け方法

平面研削作業で加工する工作物形状にはいろいろなものがあります。図3-9に代表的な工作物の取り付け方法を示します。パラレルブロック（平行台）のような薄い工作物を研削する場合、倒れることがあるので、それを防止するために補助ブロックを用いて、その工作物を電磁チャックに取り付けます。またT字状の工作物は、図のように電磁ブロックを用いて取り付けます。

L字状の工作物を精密バイスを用いて電磁チャックに取り付ける方法もあります。また段付き工作物を電磁チャックに取り付ける場合は、ダイヤルゲージを砥石カバーなどに取り付け、手動でテーブルを移動し、平行を出して、電磁チャックに取り付けます。

薄い板状の工作物の端面を研削する場合は、アングルプレートを用いてその工作物を電磁チャックに取り付ける方法があります。電磁チャックにアングルプレートを取り付け、それにしゃこ万力（Cクランプ）などを用いて工作物を取り付けます。また角度の研削の場合は、サインバーを用いる方法もありますが、回転式の電磁チャックによる方法を用いると便利です。

❸工作物取り付け用の補助具

図中の精密バイスは、口金があり、それらの平行度や直角度が高精度に作られており、それらの口金間に比較的単純形状の工作物を取り付けるものです。また平行台（パラレルブロック）は、バイスに工作物を取り付ける際に、平行に置くためのもので、通常、2枚で一組になっています。また研削時の工作物が倒れるのを防ぐ補助具としても用いられます。アングルプレート（イケール）は工作物の取付け具で、通常、直角を出すのに使用されています。クランプには、しゃこ万力や平行クランプなどがあり、通常、工作物をアングルプレートに固定するのに用いられています。

図 3-8 六面体工作物の取り付け

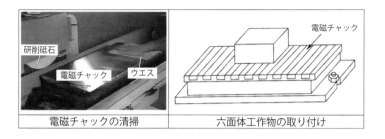

| 電磁チャックの清掃 | 六面体工作物の取り付け |

図 3-9 代表的な工作物の取り付け方法

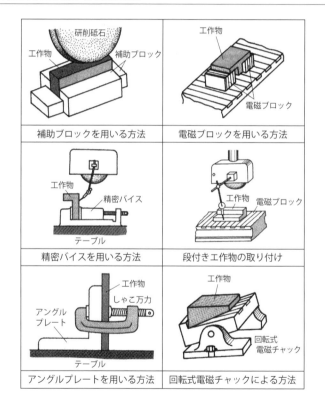

補助ブロックを用いる方法	電磁ブロックを用いる方法
精密バイスを用いる方法	段付き工作物の取り付け
アングルプレートを用いる方法	回転式電磁チャックによる方法

要点 ノート

平面研削時に工作物を電磁チャックに取り付ける方法には、工作物をチャックに直接取り付けるほか、精密バイス、アングルプレート、各種クランプなど、いろいろなジグ・取付け具を用いる方法があります。

2 平面研削作業のポイント

平面研削盤の動作確認と暖機運転

❶平面研削盤の動作確認

　平面研削作業を始める際には、研削盤の動作確認をすることが大切です。まず、砥石カバーを開けて、砥石にキズや欠けなどがないか確認しましょう。もし砥石を空運転した際に、キズや欠けなどがあると、破損する場合があるので注意しましょう。また**図3-10**に示す研削盤のハンドルやレバーが正常な位置にあるか確認しましょう。もしこれらが正常位置にない場合は、油圧を起動した際に、テーブルなどが急に動き出すので注意しましょう。

　これらの確認が終わったら、油圧ポンプを起動します。油圧ポンプが正常に動いているか確認します。また砥石回転の起動ボタンをON/OFFしながら、砥石を回転します。この際、一気に砥石を回転しないようにしましょう。そして研削油剤のポンプを起動し、研削液が正常に供給されるか確認します。また研削液が減っていたり、汚れていたならば、新しい液を足すか、あるいは新しい液に交換しましょう。

　これらの作業が終わったら、**図3-11**にしたがって、研削盤の動作確認をします。まず、上下送りモータのスイッチをONにしてみましょう。そしてそのY軸方向の動きが滑らかかを確認します。この際、研削砥石が電磁チャックに当たらないように注意しましょう。次にテーブル送りハンドルを手で回してみて、その動き（X軸方向）が滑らかかを確認します。またサドル前後送りハンドルを手回しして、サドルの動き（Z軸方向）の滑らかさを確認します。

　その後、テーブル送り速度調整レバーやサドル送り速度調整レバーを操作して、テーブルやサドルの動きが正常か確認します。また機上（砥石頭）ドレッサを操作した際、その動きが滑らかかを調べます。

❷研削盤の暖機運転

　研削盤は油圧で駆動されています。そのため作動油の温度が異なると、ガイド面の油膜厚さなどが変化し、テーブルの動きなどに変化が生じます。またモータなどの回転部からの発熱や研削液の温度変化などにより、研削盤の熱変形に差異が生じます。そのため研削盤を起動したならば、所要の時間、暖機運転をして、その熱変形や動きを定常状態にして作業することが大切です。

図 3-10 横軸平面研削盤と各部の名称

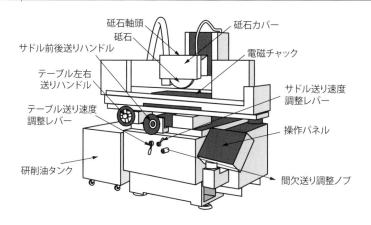

図 3-11 平面研削盤の主な動作確認事項

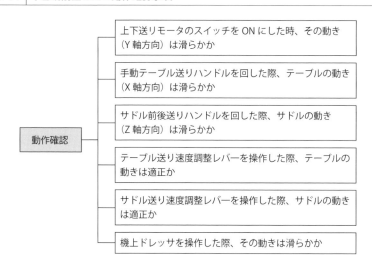

要点ノート

研削作業を始める場合は、必ず研削盤の動作確認をし、暖機運転をしましょう。また研削盤を長期間使用していない場合は、ガイド面の作動油が固まっており、潤滑状態にないので、しっかりと慣らし運転をすることが大切です。

❰2 平面研削作業のポイント

電磁チャック面の検査と修正

❶電磁チャック面のキズや打痕のチェック

　平面研削においては、電磁チャック面が基準となるので、その良否が加工精度に影響します。そのため電磁チャック面は常に精度良く保つ必要があり、研削作業を始める場合は、その面の検査をしっかりと行います。

　まず、図3-12に示すように、ゴムワイパーを用いて電磁チャック面を掃除し、またウエスでその面を拭きます。そしてきれいな素手で、チャック面を拭き、その面にキズや打痕がないか調べます。手は敏感なセンサなので、キズや打痕があるとすぐにわかります。もしチャック面にキズや打痕があると、精度の良い研削ができないので、油砥石を用いてそれらを修正します。

❷電磁チャック面の検査と修正

　電磁チャック面の平坦度が悪いと、上手な研削作業はできません。そのため図3-13に示すように、砥石カバーにダイヤルゲージスタンドを取り付け、ダイヤルゲージをチャック面に直角にセッティングします。そして0点設定をした後、テーブルを手送りし、チャック面全体の平坦度を調べます。もし電磁チャック面の平坦度が悪い場合は、そのチャック面を研削し、修正する必要があるので、その面に目安となる線を青竹またはマジックインクで引きます。

　そして砥石頭を下げて、電磁チャック面の一番高い所で0点設定をした後、ほぼ2〜3μm程度の微少切り込みを与えて、その面を研削します。この場合、注意するのは、0点設定の際に砥石を電磁チャック面に食い込ませないことです。厚さのわかっている銀紙などを少量の油で電磁チャック面に貼り付け、砥石をゆっくりと下げて、銀紙と砥石が接触した際にその銀紙が移動すれば、チャック面までの距離がわかります。その後、砥石を注意して下げ、青竹またはマジックインクの線がわずかに除去されれば、その位置が0点となります。また電磁チャック面の研削の際に切り込みが大きすぎると、その面積が大きいので、研削過程で砥石が摩耗し、研削面にこう配がつくので注意してください。そして電磁チャック面を研削する場合は、必ず励磁する必要があります。電磁チャック面の研削が終わったら、チャック面をきれいに掃除し、またダイヤルゲージを用いて、その平坦度をチェックします。

第3章 実作業のポイントを押さえておこう！

図 3-12 | 電磁チャック面のキズや打痕のチェック

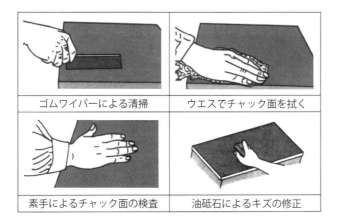

図 3-13 | 電磁チャック面の検査と修正

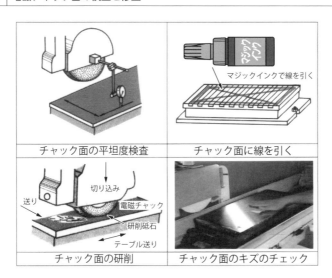

要点 ノート

平面研削作業では、電磁チャック面が基準となるので、常にその平坦度を精度良く保ち、キズや打痕があれば修正します。またその平坦度が悪い場合は、チャック面を微少切り込みで研削します。

2 平面研削作業のポイント

工作物（平行台）の取り付け

❶普通工作物の電磁チャックへの取り付け
　黒皮（酸化膜）の付いていない普通の鋼材工作物を電磁チャックに取り付ける場合は、図3-14に示すように、電磁チャックをウエスできれいに掃除した後、そのチャック面に工作物を置き、励磁して固定します。この時、ゴミなどをチャックと工作物の間に挟まないようにすることが大切です。

❷黒皮工作物の電磁チャックへの取り付け
　工作物である平行台（パラレルブロック）の素材を焼き入れすると、図3-15に示すように、その表面に酸化膜が生成されます。この黒皮工作物を電磁チャックにそのまま取り付けると、チャック面にキズが付いたり、研削時に目づまりの原因となるので、この酸化膜を研磨布などで除去します。

　通常、平行台のような工作物を焼き入れすると、変形が生じています。このような工作物の酸化膜を研磨布で除去すると、通常、その両端面近傍が強く研磨されるので、反りがあることがわかります。このような反った工作物を電磁チャックに取り付ける場合は、注意して行う必要があります。

　電磁チャックを掃除し、工作物を電磁チャックの中央に2枚並べて取り付けます。この場合、工作物の両端部の酸化膜が研磨布で強く除去された面を下にして、電磁チャックに取り付けます。すなわち工作物の両端部が電磁チャックと接触し、またその中高になった面が上になります。このように工作物を取り付けると、研削時の切り込み0点設定時に、その中高部が最初に研削砥石で削られるので、その作業が容易になります。

　反対に、酸化膜が強く除去された両端部を上にして電磁チャックに取り付けると、中高部が電磁チャックと接触することになり、取り付けが不安定になるので注意する必要があります。また酸化膜の付いた工作物をそのまま電磁チャックに取り付けると、チャック面をキズ付けるので、薄い油紙などを工作物の下に敷いて取り付ける場合もあります。

　このように熱処理などで反った工作物を電磁チャックに取り付ける場合は、まず酸化膜を除去し、そしてその取り付けが不安定にならないようにすることが大切です。

| 図 3-14 | 普通工作物の電磁チャックへの取り付け |

| 図 3-15 | 黒皮工作物の電磁チャックへの取り付け |

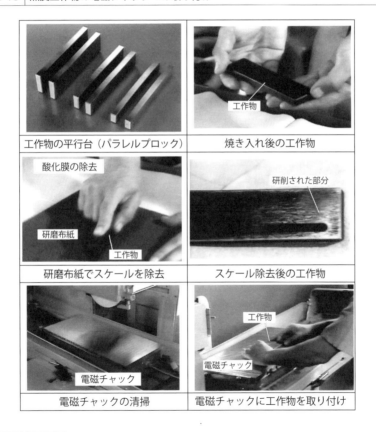

要点 ノート

酸化膜の付いた工作物は、研磨布などでその被膜を除去し、また反りのある工作物は不安定にならないように、電磁チャックに取り付けましょう。

2 平面研削作業のポイント

平行台の平面研削と反り取り

❶工作物（平行台）の粗研削

　工作物を電磁チャックに取り付け、図3-16に示すように、その中高部分で砥石切り込みの0点設定を行います。そして研削油剤を十分に供給し、粗研削を行います。この粗研削の場合は、粗くドレッシングした切れ味の良い砥石で、酸化膜を能率良く除去することが大切です。小さな切り込みで、軽研削すると、酸化膜により砥石に目づまりが生じやすくなります。

　片面の粗研削が終わったら、工作物を電磁チャックから取り外し、裏面を研削します。この工作物の取り外しは、電磁チャックの残留磁気を十分に除去したうえで行います。工作物を無理に手前に引いて取り外すと、切りくずや脱落砥粒などで、チャック面にキズを付けます。そして工作物の両面の研削が終わったら油砥石でバリを除去し、ダイヤルゲージで反りのチェックを行います。

❷工作物の反り取りと仕上げ研削

　粗研削の場合、工作物は電磁チャックの励磁により変形しています。そのため工作物を電磁チャックから取り外すと、また反りが生じます。このような反りのある工作物を電磁チャックに直接取り付けて研削しても、その反りは除去できません。そのため図3-17に示すように、ダイヤルゲージで測定した反りの変位に相当する銀紙や油紙などのシムを、工作物の中高部分に挿入して研削します。そして工作物の中高部分の2/3程度の研削が終わったら、取り外し、裏返します。同様に、工作物の両端部分にシムを入れて電磁チャックに取り付け、その両端部分近傍を研削します。

　この作業を繰り返し、工作物の反り取りを行いますが、反りの変位が数ミクロン程度になると、適当な厚さのシムが見当たらないので、このようなシムの利用はできません。このような場合は、電磁チャックの端面にあるあて板を上に引き出し、そのあて板に工作物を当て、その中高面を上にして、電磁チャックに固定します。そして電磁チャックを励磁した後、マグネットを切って残留磁気で工作物を取り付けます。その後、切れ味の良い砥石を用い、数ミクロンの切り込みを与えて研削します。同様に、工作物を裏返して研削します。この作業を繰り返して、工作物の反りの修正と仕上げ研削を行います。

図 3-16 | 工作物（平行台）の粗研削

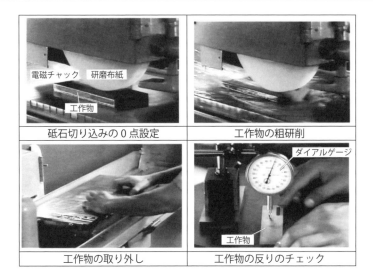

図 3-17 | 工作物の反り取りと仕上げ研削

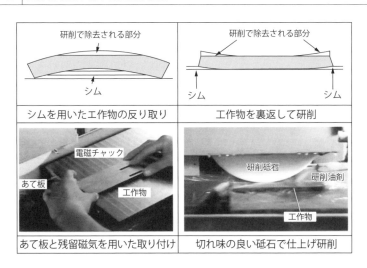

要点 ノート

反りのある工作物を電磁チャックに取り付けて研削しても、励磁によりその工作物が変形しているので、反りの修正はできません。工作物の反りの修正にはシムを用い、数ミクロンの反り修正にはチャックの残留磁気を利用します。

❰2❱ 平面研削作業のポイント

平行台の直角出しと寸法仕上げ

❶アングルプレートを用いた平行台の直角研削

　反り取りの終わった工作物（平行台）はそのままでは使用できないので、アングルプレート（イケール）を用いて、その高さ方向の直角出しを行います。図3-18に示すように、電磁チャックに直角度の正確なアングルプレートを取り付けます。このアングルプレートに工作物（平行台）をしゃこ万力または平行クランプを用いて固定します。この場合、工作物の高さは、平行台を用いて調整します。また工作物が平行台に密着するようにします。そして電磁チャックを励磁し、アングルプレートなどをチャック面に固定します。アングルプレートを用いた工作物の取り付けが終わったならば、砥石切り込みの0点を設定を行い、研削油剤を供給して、酸化膜が完全に除去されるまで、粗研削と仕上げ研削をします。これで平行台高さ方向の基準面の研削は終了です。

❷補助ブロックを用いた平行台の研削

　研削した基準面を下にして、工作物を電磁チャックに取り付けます。この場合、基準面角部の糸面取りを行い、またバリや切りくずなどを工作物とチャック面の間に挟まないようにします。工作物を電磁チャックに取り付け、切り込みの0点設定を行った後、所要の研削条件で加工します。そしてマイクロメータあるいはデプスマイクロメータを用いて、工作物の寸法出しを行い、そして仕上げ研削します。この場合、工作物の高さが非常に大きく、研削時に倒れる恐れがあるようであれば、図に示すように補助ブロックを用いて研削します。

　以上の研削が終わったら、電磁チャックの脱磁を行って、チャックから工作物を取り外します。残留磁気のある状態で、無理に工作物を電磁チャックから取り外すと、研削面やチャック面にキズを付けます。また研削後の工作物角部はバリがでて、鋭利なカミソリのような状態になっているので、手を切る恐れがあります。

　工作物を電磁チャックから取り外したら、油砥石を用いて、必ずその角部の糸面取りを行ってください。また完成した平行台は、フライス盤作業などで工作物の高さ調整に用いられることが多く、残留磁気があると、切りくずが吸引されるので、図のように脱磁器を使用して脱磁をします。

第3章 実作業のポイントを押さえておこう！

図 3-18　平行台の直角仕上げと寸法出し

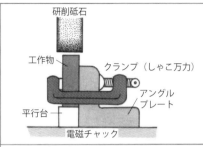

アングルプレートを用いた直角の研削

電磁チャックへの工作物取り付け

寸法出しと仕上げ研削

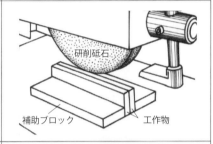

補助ブロックを用いた研削

工作物角部の糸面取り

脱磁器を用いた工作物の脱磁

要点 ノート

工作物である平行台は、アングルプレートなどを用いて、その直角出しを行います。また高さが十分に大きく、研削時に倒れる恐れがある場合は、補助ブロックを用います。研削後は、脱磁器で工作物の脱磁を行いましょう。

2 平面研削作業のポイント

六面体の研削（直角出し）

❶工作物の捨て研削

　フライス削りした正六面体工作物の平行度や直角度は必ずしも良いとはいえません。そこで平面研削盤を用いてその平行度や直角度を修正します。まず最初に、工作物各面の平行度を修正するために、図3-19に示すように、工作物を電磁チャックに取り付け、捨て研削をします。この場合、六面体各面の平行度は良好になりますが、直角度は必ずしも良いとはいえないので、工作物各面の直角出しが必要となります。

❷工作物の直角度検査

　捨て研削が終わったら、油砥石で糸面取りをします。そして図に示すように、工作物を定盤に載せ、スコヤ（この場合は三角スコヤ）を用いて、その直角度を調べます。図の場合は、工作物とスコヤの隙間（クリアランス）が下側にあることを示しています。そのため直角度を出すには、工作物を反時計回りに回転すればよいことになります。

❸工作物の直角出し

　電磁チャックと工作物をきれいに掃除し、作業者に対し（a-b）面を前側に、また（c-d）面を後側にし、そしてテーブルの左右送りの方向に平行にして、その工作物をチャックに取り付けます。次に切り込みの0点設定を行い、所要の切り込みを与え、図に示すように、bの部分に2～4mm程度の切り残し（ランド部）が生じるまで、左右および前後方向の送りをかけて研削します。この場合、研削の取りしろは、測定した隙間と一致するようにします。

　ランド部を残して研削が終わったならば、工作物を電磁チャックから取り外し、油砥石で糸面を取った後、研削した（b-c）面を下にして定盤に載せます。そして直角度を調べ、工作物にスコヤを当てた場合、ほとんど光を通さなくなるまで、この作業を繰り返します。次に（b-c）面を下にして工作物をチャックに取り付け、（a-d）面を研削で除去します。そして次は研削した（a-d）面を下にしてチャックに取り付け、（b-c）面を研削し、その直角度を調べます。もし直角度が悪い場合は、以上の作業を繰り返します。そしてこのような方法で、すべての面の直角出しを行います。

第3章 実作業のポイントを押さえておこう！

図 3-19 六面体工作物の直角出し

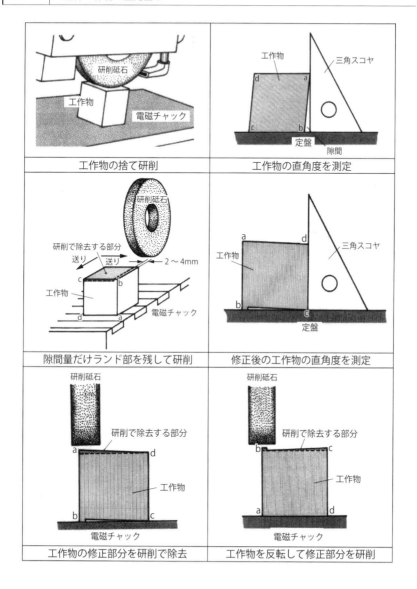

要点ノート

六面体の直角出しは平面研削作業の基本です。この方法では、シムの代わりに工作物にランド部を残して研削し、角度の修正を行います。この場合、工作物の糸面取りが悪いと、正確な直角度の検査ができないので注意してください。

2 平面研削作業のポイント

ます形ブロックとサインバーを用いた角度の研削

❶ます形ブロックを用いた直角の研削

　三角スコヤのように、正確な直角が必要な場合があります。このような場合には、直角度の正確なます形ブロックを作成し、その直角度を工作物に移す方法があります。まず、**図3-20**に示すように、工作物（三角スコヤ）の両面を研削します。そして油砥石を用いて、工作物の糸面取りをきれいに行います。

　その後、図に示す三角スコヤの穴を用いて、ボルトで工作物をます形ブロックに取り付けます。この場合、ねじ立てが容易なように、ます形ブロックを鋳鉄で製作しておくと便利です。また工作物が研削時に動かないように、ピンを用いて回り止めをします。この状態でます形ブロックを平面研削盤の電磁チャックに取り付け、所要の研削条件で工作物の一面を研削します。

　研削が終わったら、ます形ブロックを電磁チャックから取り外します。そして電磁チャックとます形ブロックをきれいに掃除し、工作物が90度回転するように、そのます形ブロックをチャックに取り付けます。そして工作物の残りの一面を研削します。この場合、過度の切り込みで研削すると、工作物が動くことがあるので注意してください。工作物の両側面の研削が終わったら、ます形ブロックを電磁チャックから取り外し、固定ボルトを緩めて工作物を取り外します。そして糸面取りと掃除をして、この作業を終了します。

❷サインバーを用いた角度の研削

　サインバーは、ブロックゲージと三角関数（sin）を利用して、工作物の角度、こう配、テーパ、取り付け角度などの測定に用いるものです。このサインバーを用いて工作物の角度の研削を行いますが、その角度の求め方は、**図3-21**に示すように、$\sin a = (H-h)/L$となります。このようにしてサインバーとブロックゲージを用いて所要の角度を求めます。そして図のように、サインバーの上に工作物を載せ、そして固定ボルトを締めて、アングルプレートに取り付け、これらを電磁ブロックに固定します。このような方法で所要の角度を求め、そして残りの一面を研削すれば、正確な角度を得ることができます。この場合、研削時に過大の切り込みを与えると、工作物が動く場合があるので注意する必要があります。

第3章 実作業のポイントを押さえておこう！

図 3-20 ます形ブロックを用いた直角の研削

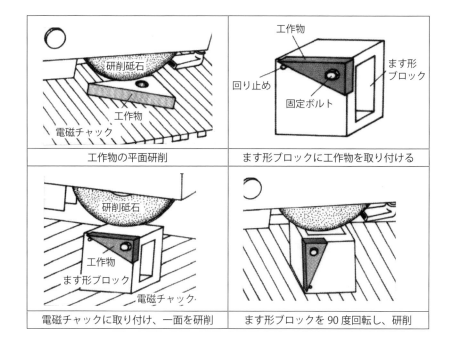

工作物の平面研削	ます形ブロックに工作物を取り付ける
電磁チャックに取り付け、一面を研削	ます形ブロックを 90 度回転し、研削

図 3-21 サインバーを用いた角度の研削

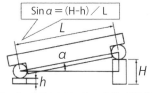

L：サインバーの長さ h,H：ブロックゲージの高さ
α：傾いた角度

サインバーを用いた角度の計算

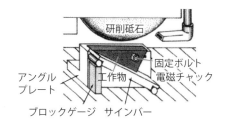

ブロックゲージとサインバーを用いた角度の研削

要点ノート

三角スコヤのような直角の研削には、鋳鉄製のます形ブロックを用いると便利です。また任意の角度を正確に研削する場合は、サインバーとブロックゲージを用いて所要の角度を求め、その角度を工作物に移すとよいでしょう。

【3】円筒研削作業のポイント

研削砥石のフランジへの取り付けとバランス調整

❶研削砥石のフランジへの取り付け

　研削砥石をフランジに取り付ける場合は、図3-22に示すように、ウエス（ぼろ布）を用いて、きれいに掃除します。その時、フランジが錆びていたら、油砥石で落とします。またフランジの接触面やテーパ内に打痕やキズがある場合は、油砥石やスクレーパ（ササバキサゲ）で修正し、当たりを出します。

　砥石の両側にパッキンがあることを確認し、砥石をフランジにはめ込みます。そして移動フランジをはめ込み、ボルトの取り付け穴が合っているかを確認します。また砥石とフランジの中心ができるだけ一致するように、シックネスゲージを用いてその隙間を調整します。そして移動フランジを回し、ボルト穴を一致させた後、その穴に六角穴付きボルトを差し込み、六角棒スパナを用いて仮締めします。この場合、一度にボルトを強く締め付けずに、すべてのボルトを均等に、対角線方向に順序よく、軽く締め付けることが大切です。ボルトの仮締めが終わったら、トルクレンチを用いて所要のトルクで本締めをします。この場合、過度に締め付けるとフランジが変形し、平均的に締まりません。

❷研削砥石のバランス調整

　円筒研削用の大径砥石は平行棒式バランス台でバランス調整をします。バランス台には水準器が付いているので、3本のボルトを調整して、台の水平を出します。そしてマンドレルをフランジに取り付け、その両端をしっかりと両手で持って、砥石をバランス台に静かに載せます。図3-23に示すように、バランス台に載せた砥石から手を離すと、砥石は時計方向あるいは反時計方向に回転し、重心を真下にして静止します。砥石の重心位置にマジックインクなどで印を付け、その反対側の位置にバランス駒を1個取り付けます。また重心と90度の位置にバランス駒を2個取り付けます。そして図のように重心位置を水平にして、バランスを調べます。重心と反対側に取り付けたバランス駒の方が重い場合は、2個の駒を重心側に均等に寄せます。そしてバランス台に載せた砥石が静止するまで、この作業を行います。その後、重心を水平または垂直にしたすべての位置で砥石がバランス台で静止するまで、バランス駒の位置修正をし、バランス調整の最終確認を行い、バランス駒の本締めをします。

図 3-22　研削砥石のフランジへの取り付け

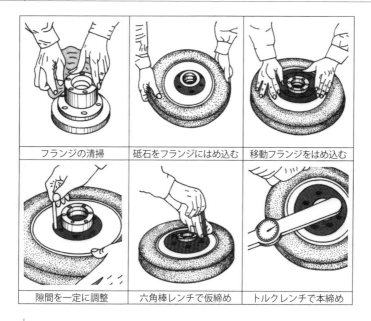

図 3-23　研削砥石のバランス調整

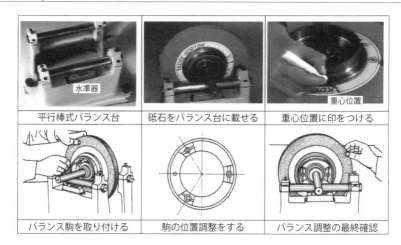

> **要点ノート**
>
> 研削砥石をフランジに取り付ける場合は、精度の高いものを用い、所要のトルクで締め付けます。また砥石のバランス調整は、砥石の重心に対し、水平および垂直方向のすべての位置で、台上の砥石が静止するまで厳密に行います。

3　円筒研削作業のポイント

研削砥石の研削盤砥石軸への取り付け

❶砥石カバー内の清掃と砥石軸のキズのチェック

　研削砥石を円筒研削盤に取り付ける場合は、まず、砥石が停止していることを確認し、図3-24に示すように、保護覆い（砥石カバー）を外します。すると、多分、砥石カバーの内部には、びっしりと錆びた切りくずや脱落砥粒が付着しているでしょう。このような状態でフランジを砥石軸にはめ込むと、それらを挟み込む恐れがあるので、その内部に付着した錆びた切りくずや脱落砥粒を取り除き、きれいに掃除します。また砥石軸をウエスなどできれいに清掃します。この場合、ウエスの糸くずなどをフランジのテーパ穴と砥石軸間に挟み込む恐れがあるので、きれいな素手でそのテーパ部を拭きます。

　手のひらは非常に敏感なセンサなので、砥石軸にキズや打痕があればすぐにわかります。もしもテーパ部にキズや打痕があれば、油砥石やきさげ（スクレーパ）を用いて修正するようにします。

❷フランジの砥石軸へのはめ込み

　次に研削砥石を両手でしっかりと持って、フランジのテーパ穴を砥石軸に合わせます。この時、砥石を研削盤にぶつけて、その角を欠いたり、またうっかりミスで砥石を落としたりすることがあるので、注意して行うことが大切です。このフランジの砥石軸へのはめ込みに際し、切りくずや脱落砥粒をフランジのテーパ穴と砥石軸の間隙に挟み込まないように注意する必要があります。切りくずや脱落砥粒をフランジのテーパ穴と砥石軸間に挟み込んでしまうと、上手な研削作業はできません。

❸フランジの砥石軸への固定

　フランジを砥石軸にはめ込んだら、そのテーパ部と砥石軸間にガタがないか、また両者がしっくりと合っているかどうかを確認します。フランジのテーパ穴と砥石軸がしっくりと合っていれば、専用のナットで締め付けて、フランジを固定します。その後、専用工具を用いてフランジの本締めをします。このようにして、研削盤への研削砥石の取り付けが終わったら、砥石カバーを取り付けます。砥石カバーの取り付けは、安全に関わるので、しっかりと行ってください。

図 3-24　研削砥石の砥石軸への取り付け

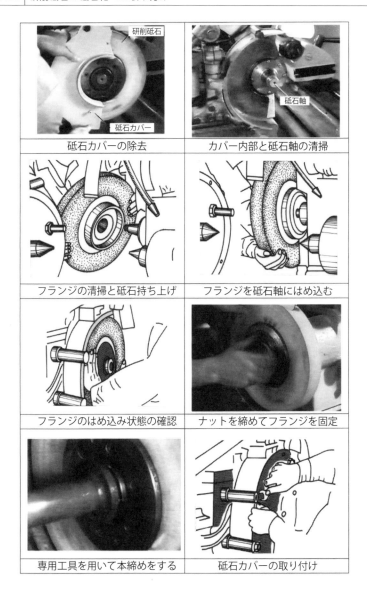

砥石カバーの除去	カバー内部と砥石軸の清掃
フランジの清掃と砥石持ち上げ	フランジを砥石軸にはめ込む
フランジのはめ込み状態の確認	ナットを締めてフランジを固定
専用工具を用いて本締めをする	砥石カバーの取り付け

要点ノート

研削砥石を研削盤に取り付ける場合は、うっかりミスで、ぶつけたり、落としたりしないようにしましょう。またフランジのテーパ穴と砥石軸間に切りくずや脱落砥粒などを、挟み込まないように注意することが大切です。

3 円筒研削作業のポイント

円筒研削盤の動作確認と暖機運転

❶研削盤各部への給油と研削油剤のチェック

　研削作業を始める前に、まず、研削盤の油圧タンクや砥石台の軸受けの油量を調べ、もし不足しているようならば、所定の油を供給します。また主軸台や心押台などの給油箇所に油を差します。そして研削液タンクの液量を調べ、少ない場合は所定の研削液を供給し、そして液が劣化していれば、新しいものに交換します。

❷Vベルトの張り具合やストッパの固定およびハンドル位置の確認

　砥石台の砥石軸回転用のVベルトの張り具合が適切でないと、砥石回転時にスリップを生じたり、騒音や振動を発生したりします。図3-25に示すように、Vベルトの張り具合を調べ、適切でない場合は、調整します。またテーブル送りドッグ（ストッパ）の固定が確実に行われているか確認し、そして各ハンドルが所定の位置にあるか調べます。ストッパの固定が不十分な場合や、ハンドル位置が正しくないと、起動時に誤動作を生じるので注意が必要です。

❸研削盤の動作確認と暖機運転

　まず、図3-26に示すように砥石のキズのチェックをします。そして砥石起動ボタンをON/OFFし、砥石の回転数を上げながら、少なくとも数分間回転して、その安全性を確認します。また研削盤を停止した状態で、主軸台や心押台を手で押して、その移動が滑らかに行われるか、またその固定が確実にできるかを調べます。もしそれらの移動が滑らかでない場合は、テーブル面を油砥石を用いて清掃し、油を塗布します。

　次に機械の起動・停止が確実に行われるか調べ、またテーブルの手動送りや自動送りが良好かどうかをチェックします。同様に、砥石台の前進・後退と、その停止位置が正確かを調べます。そしてその自動送りをかけて、その動きをチェックします。

　このような研削盤の動作確認を行った上で、砥石を回転し、研削液を供給しながら、テーブルの自動送りをかけて、油圧タンクのエア抜きや摺動面（ガイド）の潤滑を適切に行います。また作動油や研削液の温度が一定になり、そして機械の動きが定常状態になるまで、暖機運転を実施します。

図 3-25　Ｖベルトの張り具合とストッパの固定およびハンドル位置の確認

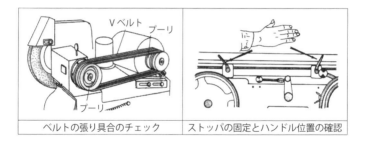

ベルトの張り具合のチェック　／　ストッパの固定とハンドル位置の確認

図 3-26　研削盤の動作確認

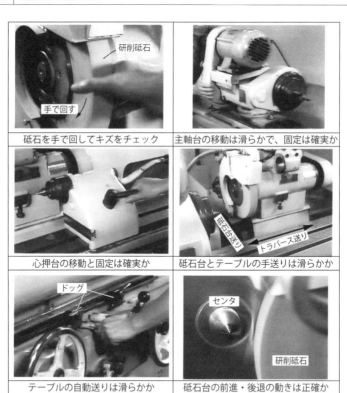

砥石を手で回してキズをチェック　／　主軸台の移動は滑らかで、固定は確実か

心押台の移動と固定は確実か　／　砥石台とテーブルの手送りは滑らかか

テーブルの自動送りは滑らかか　／　砥石台の前進・後退の動きは正確か

要点 ノート

研削作業開始にあたっては、研削盤の点検をしっかりと行いましょう。また慣らし運転により、油圧タンクのエア抜きや摺動面の潤滑を適切に行い、また暖機運転をして研削盤が落ち着いた状態で研削作業をしましょう。

3 円筒研削作業のポイント

単石ダイヤモンドドレッサによる ツルーイング・ドレッシング

❶単石ダイヤモンドドレッサの取り付け

　研削砥石と単石ダイヤモンドドレッサを用いた円筒研削作業の場合は、ツルーイングとドレッシングが同時に行われます。図3-27に示すように、砥石台を急速前進させ、そして手動により、研削位置に近い場所に止めた後、ドレッサ先端を砥石面に近づけて、ドレッサホルダを取り付けます。そしてそのホルダに、ダイヤモンドドレッサを、砥石の回転方向に約5～10度傾けて取り付け、またドレッサホルダを送り方向に20～30度傾くように固定します。すなわちドレッサを砥石に対し、食い込み勝手ではなく逃げ勝手に取り付けます。

❷テーブルストローク長さの設定

　ドレッサホルダの取り付けが終わったならば、図のようにドッグの位置を変えて、テーブルストローク長さを調整します。この場合、テーブルストローク長さとドレッサ位置を、テーブル方向切り替えレバーを操作して、砥石側面から10～20 mm離すように調整します。

❸ドレッサのゼロ点設定とドレッシング

　次に砥石台と送りハンドルを操作して、砥石幅のほぼ中央でドレッサのゼロ点設定を行います。この場合、誤ってドレッサを砥石に食い込ませないように注意してください。その0点設定が終わったならば、ドレッサを砥石の所定位置に移動し、切り込みを与え、研削油剤を供給してドレッシングします。

　この場合は、粗研削の例ですが、切り込み0.02 mmを1回、そして0.01 mmを2回とし、最後に切り込みを与えずドレッシングをします。また仕上げ研削の場合は、0.01 mmの切り込みを1回、そして0.005 mmの切り込みを3回与え、その後、切り込みを与えずに、2回ドレッシングします。

❹ドレッサの送り速度

　ドレッサの送りピッチは、砥石の平均砥粒径よりも小さくします。通常、粗研削の場合は、1個の砥粒が1～2個の切れ刃を、また仕上げでは2～5個の切れ刃を持つようにします。そのため粗研削時のテーブル送り速度は、$(0.5～1)$×平均砥粒径×砥石回転数となります。また仕上げ研削では、その速度は、$(0.2～0.5)$×平均砥粒径×砥石回転数となります。

第3章 実作業のポイントを押さえておこう！

図 3-27　単石ダイヤモンドドレッサによるドレッシング

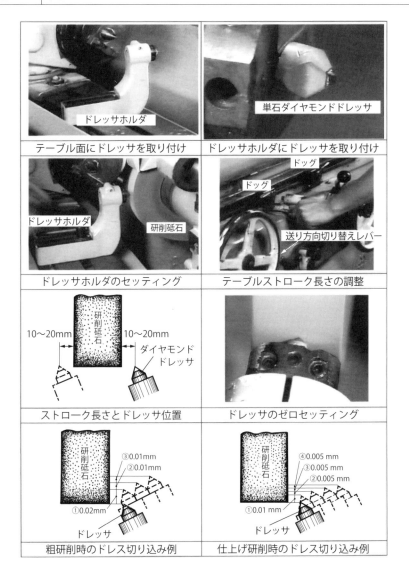

要点ノート

ドレッシング時には、先端の鋭利なダイヤモンドドレッサをホルダに取り付け、そのホルダを砥石面に対し逃げ勝手にテーブル面に固定します。そして所要の切り込みと送りを与え、また研削液を供給してドレッシングをします。

3 円筒研削作業のポイント

両センタによる工作物の取り付け

❶センタ穴の酸化膜（スケール）除去と清掃
　円筒研削の両センタ作業の場合、工作物を図3-28に示す両センタ間に取り付けます。通常、鋼製工作物は焼き入れが施されており、その全体が酸化膜で覆われています。そこでワイヤブラシを用いて、工作物全体の酸化膜を除去します。またセンタ穴は、専用工具に研磨布を巻き、スケールを落として、掃除をします。そして精度の高い円筒研削作業の場合は、センタ穴研削盤を用いて、センタ穴を研削し、両センタ穴が同一線上に乗るようにします。

❷工作物に回し金を装着
　工作物のセンタ穴の研磨（研削）と掃除が終わったら、図に示すように、工作物の一方の端に回し金（ケレ）を取り付けます。この場合、工作物にキズを付けないように、銅の保護板などを巻いて、回し金を取り付けるとよいでしょう。回し金には、旋盤用と研削用の2種類があり、旋盤用のものを工作物に取り付けると、アンバランスが生じ、強制振動が発生する場合があります。

❸心押台の位置調整と固定
　工作物に回し金を取り付けたならば、図に示すように、心押台の固定レバーを緩め、工作物の長さに合わせて位置決めをします。そして研削盤のテーブルの側面に心押台を押しつけながら、所定の位置で固定します。この場合、心押台の取り付け方向がテーブル側面と一致していないと、主軸台のセンタと心押台のセンタの軸心方向にずれが生じ、上手な研削作業はできません。

❹工作物の取り付け
　工作物の両センタ穴に光明丹（鉛フリー）を塗布し、片方のセンタ穴を主軸台のセンタに合わせます。そして図のように左手で工作物の端を持ち、センタ穴と心押台のセンタの位置合わせをした後、右手でセンタ後退用レバーを操作して、工作物を両センタ間に取り付けます。また心押台にある加圧力調整ねじを回して、工作物の加圧力を調整します。

　次に工作主軸の回し棒固定ボルトを緩め、右手で工作物を持ち、また左手で回し棒の位置を変え、回し金の大きさに合わせてその位置を調整します。そして研削時に回し棒の固定ボルトが緩まないように本締めをします。

図 3-28 両センタを用いた工作物の取り付け

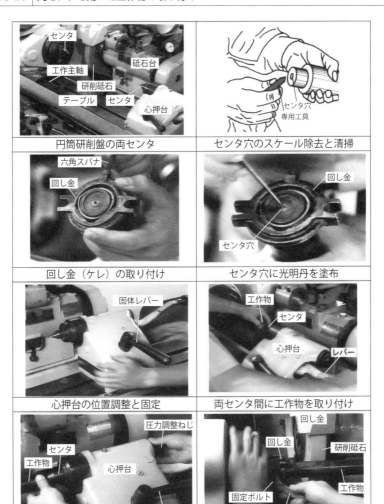

要点 ノート

円筒研削の基準はセンタ穴です。とくに精度の高い研削が必要な場合は、センタ穴をセンタ穴研削盤で研削します。また工作物取り付け時に、センタ穴をキズ付けないようにし、またゴミなどを挟み込まないように注意しましょう。

3 円筒研削作業のポイント

テーブルストローク長さとタリー時間の調整

❶テーブルストローク長さの調整

　両センタを用いた円筒研削時には、図3-29に示すように、工作物の両端面で、それぞれ砥石幅の1/3程度、砥石が外れるようにテーブルストローク長さを設定します。

　このテーブル長さの調整は、テーブル反転用ドッグの位置決めにより行います。この時、うっかりして砥石を回し金や心押台にぶつけないように注意してください。またドッグの固定が不十分だと、ストローク長さの調整中に移動することがあるので、しっかりと固定してください。

　図に示すように、砥石と工作物端面がほぼ一致するようにストローク長さを決めると、その端面部分に切り残しが生じ、研削後の工作物直径が大きくなります。また砥石が工作物の端面から完全に外れると、その端面部分でオーバーカットが生じ、直径が小さくなります。そのため工作物端面から、砥石幅の1/3程度外れるように、テーブルストローク長さを調整することが大切です。

❷タリー（ドゥエル）時間の設定

　指定された時間だけ、次の工程に移るのを遅らせる機能を、ドゥエルまたはタリーといいます。そして円筒研削の場合は、図3-30に示すように、工作物の両端面近傍に切り残しが生じないように、折り返し点でテーブルが数秒間休止する時間を「タリー時間」と呼んでいます。

　研削作業時には、工作物の心押台側のタリー時間を、研削盤前面にあるタリータイム調整ノブを回して設定します。同様に、主軸台側のタリー時間を調整します。この場合、タリー時間を長く設定しすぎると、工作物の取りしろが多くなり、直径が小さくなります。また反対に短すぎると、取りしろが少なく、直径が大きくなります。

　このように円筒研削時には、工作物の両端面からそれぞれ砥石幅の1/3程度、砥石を外し、かつタリー時間を適切に設定することが大切です。

図 3-29 テーブルストローク長さの調整

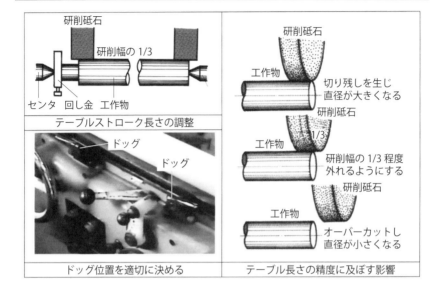

図 3-30 タリー時間の調整

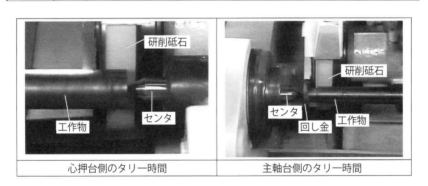

> **要点 ノート**
>
> 円筒研削の場合、工作物の両端面から砥石幅の 1/3 程度、砥石が外れるようにテーブルストローク長さを設定します。また工作物の両端部において、砥石が数秒間停止するようにタリー時間を調整します。

3 円筒研削作業のポイント

マンドレルの研削

❶工作物速度の決定と砥石台の急速前進
　工作物であるマンドレルは、フライス工具やカラーなどの工作物の穴にはめ、加工や測定を行うもので、通常、わずかなテーパが付いています。作業にあたっては、図3-31に示すように、円筒研削盤の主軸台のプーリとVベルトの掛け替えを行い、工作物速度を決めます。そして砥石台を急速前進させて、手送りで切り込みの0点設定を行います。この砥石台の急速前進の際に、誤って砥石を工作物に食い込ませないように注意してください。

❷工作物のプランジ研削とトラバース研削（粗研削）
　心押台側の工作物端面近傍から、図に示すように、手動送りで、酸化膜が除去されるまで、プランジ研削をします。そして工作物の位置を変えてプランジ研削を行い、工作物全体の酸化膜を除去します。この場合、手送り速度が遅すぎると、酸化膜により砥石が目づまりを生じるので、できるだけ能率よく研削する必要があります。プランジ研削が終わったならば、トラバース研削を行います。この場合、工作物が変形し、曲がっていたならば、ドレッシングをした切れ味の良い砥石で粗研削を行い、その曲がりを修正します。

❸テーブルの傾斜とテーパの修正
　粗研削により工作物の曲がりが修正され、ストレートになったならば、その両端部の直径をマイクロメータで測定します。そして工作物のテーパが所要の値でない場合は、その修正を行います。図のように、研削盤の旋回テーブルの固定ボルトを緩め、専用工具を用いて、そのテーブルをわずかに傾けます。この場合、旋回テーブルを傾けすぎると、戻す際にバックラッシュがあるので、上手な作業ができません。できるだけバックラッシュが生じないように、旋回テーブルを一方向に、少しづつ傾けることが大切です。

❹仕上げ研削とスパークアウト
　所要のテーパが得られたら、工作物を所定の寸法にトラバース研削をし、また精密ドレッシングをした砥石で、仕上げ研削を行います。そして最後に、スパークアウトをします。この作業の際、ドレッシング時に心押台を移動すると、工作物の取り付け状態が変化し、上手な研削ができません。

第3章 実作業のポイントを押さえておこう！

図 3-31 | マンドレルの研削

工作物速度を決める

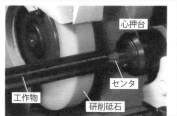
砥石台の急速前進と0点設定

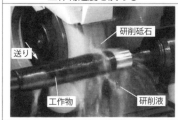
プランジ研削による酸化皮膜の除去

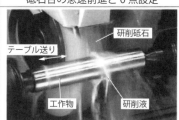
トラバース研削（粗研削）

工作物両端部の直径測定

旋回テーブルの固定ボルトを緩める

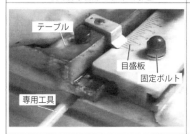
専用工具で旋回テーブルを傾ける

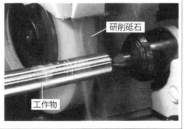
仕上げ研削とスパークアウト

> **要点 ノート**
> 粗研削では、砥石の切れ味を良くし、工作物の曲がりを修正し、いかに高能率に加工するかが問題で、仕上げ研削では、寸法・形状精度を高く、また熱的損キズを生じることなく、良好な仕上げ面粗さを得るかがポイントになります。

【3】円筒研削作業のポイント

テストバーのテーパ研削

❶テストバーのセッティング

　工作物であるテストバーは、機械の点検、精度チェックに用いるものです。まず工作物を、図3-32に示すように、センタ穴にを塗布して、両センタ間に取り付けます。また旋回テーブルを回して、テストバーのテーパ角度に合わせて、テーブル角度の設定を行います。そして砥石台を急速前進させた後、テーブルストローク長さを調整します。

❷テーパ部のプランジ研削とトラバース研削

　砥石台を急速後退させた後、工作物を取り外します。そして再び砥石台を急速前進し、その位置にドレッサホルダを取り付け、粗研削用のドレッシングをします。ドレッシングが終わったならば、再び工作物を取り付け、プランジ研削とトラバース研削をします。この場合、プランジ研削で、酸化膜により砥石に目づまりが生じ、切れ味が悪い場合は、ドレッシングをします。この時、心押台を移動すると、工作物の取り付け状態が異なり、上手な研削ができないので注意してください。

❸テーパゲージによるテーパ部の当たりのチェック

　テーパ部のトラバース研削が終わったら、油砥石で糸面取りをして、工作物を取り外し、そして青竹または光明丹をテーパ部に帯状に、等間隔で3本程度薄く塗ります。またテーパゲージを掃除し、その中に工作物を静かに挿入します。そして図のように、工作物をゲージに軽く押しつけながら、約1/8回転させ、そして静かに抜き取り、そしてテーパ部の当たりを調べます。図のように直径の大きな部分が強く当たっているのは、旋回テーブルの傾き角度が大きすぎる場合です。このような方法で、テーパの当たりを見ながら、図に示すようにテーブル角度を修正し、テーパ部全面が当たるまで研削します。

❹テーパ部の寸法調整と仕上げ研削

　テーパ部の粗研削が終わったら、テーパゲージに工作物を挿入し、デプスゲージを用いて、工作物端面の隙間を測定します。その隙間が所要の値になるまで粗研削を行い、その後、精密ドレッシングをして、テーパ部の仕上げ研削をします。このテーパ研削では、青竹などを薄く塗ることがポイントです。

図 3-32 テストバーのテーパ部研削

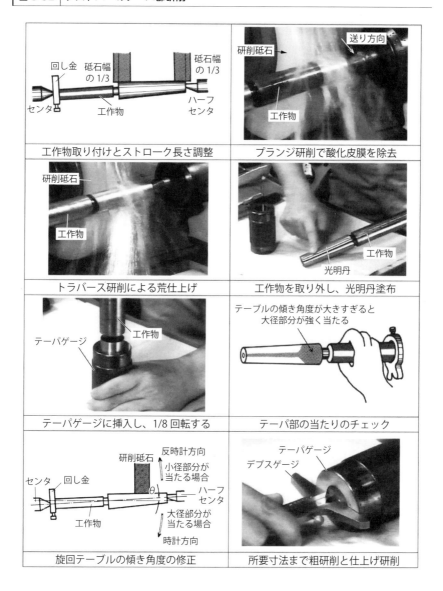

要点 ノート

テーパ角度の修正では、旋回テーブルを傾けすぎないようにします。傾きが大きいと、戻す時にバックラッシュが生じ、角度の修正が上手にできません。またテーパの当たりを見るときは、光明丹を帯状に3本程度、薄く塗ります。

【3】円筒研削作業のポイント

円筒スコヤの研削

❶円筒外周面の研削

　円筒スコヤは直角の基準となるもので、その外周面と端面が直角にできています。このスコヤの外周面を研削する場合、工作物を回転するための回し金を使用することができません。そこで図3-33に示すように、工作物端面にボルトを取り付け、回し金の代わりに用います。この場合、センタ穴にゴミが入るのを防ぐために、工作物端面の逃げを塗装しておきます。そして工作物の両センタ穴をきれいに掃除し、両センタ間に取り付けます。また砥石幅の1/3程度、工作物の端面から砥石が外れるように、テーブルストローク長さを調整します。そして主軸台の回し棒を先ほど取り付けたボルト位置に合わせてセッティングします。この場合、砥石が主軸台や回し棒などと接触しないように注意してください。工作物のセッティングが終わったならば、マンドレルの研削と同様に、粗研削やテーパの修正を行い、両端面における直径が等しくなるまで、仕上げ研削を行います。

❷円筒端面の研削

　円筒の研削が終わったならば、工作物を取り外し、そして図に示すように砥石の側面をブリックストーン（粗粒の角形砥石）を用いて削り取り、約30秒～1度の逃げこう配を成形します。この場合、砥石の「側面の使用は禁止」されているので、砥石幅の小さな1号平形の砥石は使用できません。この方法が適用できるのは、砥石幅の大きな5号または7号の砥石です。

　砥石側面の成形が終わったならば、工作物を両センタ間に取り付け、砥石が工作物、心押台および止まりセンタと接触しないことを確認し、砥石台を急速前進させます。この場合、砥石が止まりセンタと接触しないように、ハーフセンタを用いると便利です。そしてテーブルをゆっくりと手送りすると、通常、工作物の端面は振れているので、砥石と工作物の接触に伴い、断続的な火花が発生します。その後、研削液を十分に供給し、手送りを続けると、断続的な火花から、連続的なものへと変化します。このような状態になったならば、スパークアウトをして、研削を終了します。そして工作物角部の糸面取りをして、スコヤの直角度を確認すれば、円筒スコヤの完成です。

図 3-33 円筒スコヤの研削

要点ノート

円筒の端面を研削する場合は、幅の大きな研削砥石を用い、その側面に 30 秒～1 度の逃げを成形します。工作物の端面で 0 点設定を行い、連続的な火花が出るまでゆっくりと手送りして研削し、最後にスパークアウトをします。

【参考文献および引用箇所】

(1)「トコトンやさしい金属加工の本」海野邦昭著、日刊工業新聞社 (2013) 135頁
(2)「トコトンやさしい金属加工の本」海野邦昭著、日刊工業新聞社 (2013) 139頁
(3)「初歩から学ぶ工作機械」清水伸二著、大河出版 (2011) 55頁
(4)「工作機械入門」福田力也著、理工学社 (1992) 127頁
(5)「絵とき『研削の実務』-作業の勘どころとトラブル対策-」海野邦昭著、日刊工業新聞社、(2007) 71頁
(6)「初歩から学ぶ工作機械」清水伸二著、大河出版 (2011) 48頁
(7)「工作機械入門」福田力也著、理工学社 (1992) 124頁
(8)「工作機械入門」福田力也著、理工学社、(1992) 124頁
(9)「初歩から学ぶ工作機械」清水伸二著、大河出版 (2011) 51頁
(10)「工作機械入門」福田力也著、理工学社 (1992) 132、133頁
(11)「砥粒加工技術のすべて」砥粒加工学会編、工業調査会 (2006) 121頁
(12)「切削・研削・研磨用語辞典」砥粒加工学会編、工業調査会 (1995) 74頁
(13)「はじめての研磨加工」安永暢男著、工業調査会、(2010) 57頁
(14)「研削盤活用マニュアル」大河出版 (1990) 163頁
(15)「絵とき『研削の実務』-作業の勘どころとトラブル対策-」海野邦昭著、日刊工業新聞社、(2007) 46頁
(16)「絵とき『研削の実務』-作業の勘どころとトラブル対策-」海野邦昭著、日刊工業新聞社、(2007) 50頁
(17)「絵とき『研削の実務』-作業の勘どころとトラブル対策-」海野邦昭著、日刊工業新聞社、(2007) 121頁
(18)「絵とき『研削の実務』-作業の勘どころとトラブル対策-」海野邦昭著、日刊工業新聞社、(2007) 123頁

【索引】

数・英

1号平形	58
2号リング形砥石	60
5号片へこみ	60
6号ストレートカップ砥石	60
7号両へこみ砥石	60
11号テーパカップ砥石	60
12号さら形砥石	60
A砥粒	64
CBNC砥粒	114
CBNホイール	70
Dc値	52
ELID研削	94
HA砥粒	64
ISO形スリーブフランジ	80
PA砥粒	64
pH	102
Vベルト	150
WA砥粒	64

あ

青竹	134、160
アダプタフランジ	80
圧力制御方式	74
あて板	138
油砥石	82
アルミナ	52
アルミナ質砥粒	64
アンギュラスライド研削	16
アングルプレート	140
安全靴	122
安全作業	124
アンバランス	126
硫黄系極圧添加剤	96
イケール	140
移動フランジ	80、146
糸面取り	140
インプリダイヤモンドドレッサ	90
ウエス	82、130
うねり	48
エア抜き	150
エアノズル	106
エマルション	96、98
縁形	58
遠心力	76
延性モード研削	54
円筒研削	12
円筒研削盤	16、148
円筒スコヤ	162
円筒トラバース研削	112
オイルストーン	82
オーバーカット	156
送り込み研削	21
送り量	112

か

加圧力調整ねじ	154
外観検査	84
外周刃	22
外周刃ブレード	22
回転砥石	88
界面活性剤	96
角形砥石	88
加工変質層	34
形直し	86
カム研削	62
カムシャフト	11
カムシャフト研削盤	11
ガラス研削	118
環境対応形研削	106
気孔	8
気孔率	58
希釈倍率	114
機上放電ドレッシング	94
強制振動	32
極圧添加剤	96
切り込み制御方式	74
切り込みの目安	112
切り残し	24、74
切れ刃密度	38、72
金属被覆した人造ダイヤモンド	62
金属被膜した立方晶化窒化ホウ素	62
クラックフリー研削	52
クラッシング（クラッシュ）ロール	92
クランクシャフト	10
クランクシャフト研削盤	11
クリープフィード研削	42、70
黒皮工作物	136
結合剤	8、74
結合剤率	58
結合度	44、70
結合度選択	68
健康障害	104
研削液供給ノズル	106
研削温度	25
研削開始荷重	54
研削性能	68
研削切断	22
研削熱	26
研削比	34
研削面接触温度	28
研削焼け	28、30
研削油供給法	106
研削油剤タンク	32
研削割れ	28
減衰運動	46
工具研削	98
工作物回転形	18
工作物周速度	108
工作物速度	38
工作物表面温度	28
工作面表面温度	26
高速研削	76
高能率・重研削	74
光明丹	154、160
固定フランジ	80
ゴム砥石	78

固有振動数	46
コンセントレーション	62、72、118
混入油除去器	102

さ

サーメット	116
最高使用周速度	58、76、122
最大砥粒切り込み深さ	50
サインバー	130、144
作業着	122
ササバキサゲ	82
サドル前後送りハンドル	132
さび止め作用	96
サブミクロン研削	52
作用硬さ	44
作用切れ刃数	38
三角関数	144
三角スコヤ	142、144
酸化膜	136
残留磁気	138、140
試運転業務	124
ジグ研削盤	18
自生作用	36
自生発刃	36
下向き研削	28
シックネスゲージ	146
自動振動	32
シム	138
しゃこ万力	140
遮断板	106
自由研削	80

主軸台	16
主分力（接線分力）	24
潤滑作用	96
条痕面	54
正面研削	16
初期摩耗	48
除去速度	42
ジルコニア	52、116
心押台	16
人造ダイヤモンド	62
人造ダイヤモンド砥粒	64
浸透作用	96
心なし（センタレス）研削	12、20
水準器	126
推奨結合度	70
推奨ダイヤモンドホイール	118
水溶性切削（研削）油剤	96、100
すくい角	24
スクラッチ	32
スクレーパ	82、146
スコヤ	142
捨て研削	142
ストレートフランジ	80
スパークアウト	158、162
スピードコントロール研削	42
スラリー法	88
スリーブフランジ	80
寸法効果	38
静止砥石研削法	92
脆性モード研削	54
精密軽研削	74

精密バイス	130	ダイヤモンドロータリドレッサ	90
セーフティフランジ	80	ダイヤルゲージスタンド	134
切削油剤	96	打音検査	84、122
切削力	24	高切込み・低速送り研削	42
接触弧の長さ	30	脱磁器	140
接触放電	94	縦形ダイヤモンドロータリドレッサ	90
接触放電ドレッシング	94	立軸円テーブル形平面研削盤	14
接触面積	68	立軸角テーブル形平面研削盤	14
切断断面積	38	立軸平面研削	112
切断砥石	78	立軸平面研削盤	14
セラミックス	116	他油混入量	104
旋回テーブル	158	タリー	156
洗浄作用	96	タリー時間	156
センタ穴研削盤	154	タリータイム調整ノブ	156
センタ後退用レバー	154	単石ダイヤモンドドレッサ	90、152
センタレス研削盤	20	炭化ケイ素	52、116
せん断角	24	暖機運転	132、150
総形研削	16、92	弾性変形	74
組織	72	端面研削	16
組織記号	58、72	窒化ケイ素	52、116
ソリューション	96、98	チップポケット	72、86
ソリューブル	96、98	鋳鉄ボンドダイヤモンドホイール	94
		超音波顕微鏡	52
た		超硬合金	116
台金	62	調整砥石駆動装置	20
多石ダイヤモンドドレッサ	90	調整砥石修正装置	20
多石ダイヤモンドロータリドレッサ	90	超砥粒ホイール	9、62
ダイジング	22	直角出し	140、142
ダイシングソー	22	直角ノズル	106
ダイヤモンド砥粒	64	ツルーイング	86、128
ダイヤモンドドレッサ	128	低切り込み・高速送り研削	42

用語	ページ
ディスク研削	15
テーパ穴	128
テーパ角度	160
テーパゲージ	160
テーパ研削	16
テーブル送り速度調整レバー	132
テーブル送りドッグ	150
テーブル送りハンドル	132
テーブル角度	160
テーブルストローク長さ	152、156
テーブル反転用ドッグ	156
適正倍率	100
テストバー	160
デプスゲージ	160
デプスマイクロメータ	140
電解インプロセスドレッシング	94
電極作用	94
電磁セパレータ	102
電磁チャック	130
電磁チャック面	134
電磁ブロック	130
天然ダイヤモンド	62
天秤式バランス台	126
砥石頭ドレッサ	128
砥石カバー	32、148
砥石周速度	38
砥石周速度の目安	110
砥石選択	58
砥石幅	112
砥石摩耗量	48
ドゥエル	156
動作確認	132、150
同時研削切れ刃数	74
通し送り研削	21
銅板腐食	96
特別教育	124
トラバース研削	16、158
砥粒	8
砥粒間隔	38、40
砥粒切り込み深さ	50
砥粒研削抵抗	108
トルクレンチ	146
ドレッサホルダ	90、128、152
ドレッシング	86、128
ドレッシングインターバル	46
ドレッシングロール	88

な

用語	ページ
内周刃	22
内周刃ブレード	22
内面研削	12、18
ならい研削	12
慣れ	124
軟鋼ドレッシング	92
逃げ勝手	152
逃げ勾配	162
ねじ研削	12、90、98
熱衝撃	28
熱損傷	28
熱電対	28
熱膨張	26
濃度検査	100

は

ハーフセンタ	162
バイト	24
背分力	24
ハイレシプロ研削	42
破壊周速度	76
破壊靭性	52
歯車研削	12、90、98
破砕開始荷重	54
破砕面	54
パッキン	146
バックラッシュ	158
パラレルブロック	130
バランス駒	80、126、146
バランス調整	122、126、146
バリ	138
万能研削盤	16
比研削抵抗	38
微少電力計	46
ビッカース圧子	52
ビトリファイド	74
ビトリファイドCBNホイール	11
ビトリファイド結合剤	76
ビビリマーク	32
標準ふるい	66
表面粗さ	48、66
平積み	78
不水溶性切削油剤	98
普通形内面研削盤	18
フライス削り	36
フラッシング	104
プラネタリ形	18
プラネタリ形内面研削盤	18
フランジ	126
フランジ径	80
プランジ研削	16、158
ブリックストーン	162
ブリッジタイプ	8
フルート研削	42
ブレード	22
振れ取り	86、126
ブロックゲージ	144
プロファイル研削	12
噴射法	88
平均切りくず断面積	38、108
平均砥粒径	66
平行クランプ	130、140
平行台	136
平行棒式バランス台	146
平坦度	134
平面研削作業	132
ペーパーフィルタ	32、102
ヘルメット	122
偏摩耗	46
ホイール周速度	114
放電ドレッシング	94
保管棚	78
保護覆い	148
保護眼鏡	122
補助ブロック	130、140

ま

マイクロメータ	140
マグネットセパレータ	32
摩擦熱	28
ます形ブロック	26
マトリックスタイプ	8
マルチホイール研削	16
回し金（ケレ）	16、154
回し棒	154
マンドレル	126、158
万力（Cクランプ）	130
目替わり	36
目こぼし	34
目こぼれ形研削	34、44
目こぼれ形砥石寿命	48
目こぼれ形の研削	108
メタル	74
メタルボンドダイヤモンドホイール	118
目つぶし形の研削	108
目つぶれ	34
目つぶれ形研削	44
目つぶれ形研削盤	34
目つぶれ形寿命	46
目づまり	34
目づまり形研削盤	34
目直し	86

や

焼け形寿命	46
ヤング率	74
油圧タンク	150
油圧ポンプ	132
有効切れ刃間隔	40、50
陽極酸化現象	94
横軸円テーブル形平面研削盤	14
横軸角テーブル形平面研削盤	14
横軸平面研削	112
横軸平面研削盤	14

ら

ラッピング	88
ラベル	58
立方晶窒化ホウ素	62
立方晶窒化ホウ素（cBN）砥粒	64
粒度	66
両センタ作業	154
両テーパ形砥石	78
両頭グラインダ	44、122
臨界押し込み深さ	52
冷却作用	96
レジン（レジノイド）	74
レジン結合剤	76
連続切れ刃間隔	40
労働安全衛生法	124
六角棒スパナ	146

わ

ワイヤカット放電加工	94
ワイヤ電極	94
ワイヤブラシ	154

著者略歴

海野邦昭（うんの くにあき）
基盤加工技術研究所代表
職業能力開発総合大学校名誉教授
工学博士（東京大学）

1944 年　東京生まれ
職業訓練大学校機械科卒業。
精密工学会名誉会員、同フェロー。精密工学会理事。砥粒加工学会理事。
セラミックス加工研究会を設立し、幹事。
ILO トリノセンタアドバイザ、技能検定委員、技能五輪全国競技大会フライス盤競技委員、同大会競技委員長などを歴任

主な著書
「絵とき『研削加工』基礎のきそ」日刊工業新聞社（2006 年）
「絵とき『切削加工』基礎のきそ」日刊工業新聞社（2006 年）
「絵とき『研削の実務』- 作業の勘どころとトラブル対策 -」日刊工業新聞社（2007 年）
「絵とき『難研削材加工』基礎のきそ」日刊工業新聞社（2008 年）
「絵とき『治具・取付具』基礎のきそ」日刊工業新聞社（2008 年）
「絵とき『穴あけ加工』基礎のきそ」日刊工業新聞社（2009 年）
「絵とき『切削油剤』基礎のきそ」日刊工業新聞社（2009 年）
「絵とき『工具研削』基礎のきそ」日刊工業新聞社（2010 年）
「トコトンやさしい切削加工の本」日刊工業新聞社（2010 年）
「絵とき　機械用語事典『切削加工編』」日刊工業新聞社（2012 年）
「トコトンやさしい金属加工の本」日刊工業新聞社（2013 年）
他多数。

NDC 532

わかる！使える！研削加工入門
〈基礎知識〉〈段取り〉〈実作業〉

2018年9月25日　初版1刷発行

定価はカバーに表示してあります。

ⓒ著者	海野　邦昭		
発行者	井水　治博		
発行所	日刊工業新聞社	〒103-8548　東京都中央区日本橋小網町14番1号	
	書籍編集部	電話 03-5644-7490	
	販売・管理部	電話 03-5644-7410　FAX 03-5644-7400	
	URL	http://pub.nikkan.co.jp/	
	e-mail	info@media.nikkan.co.jp	
	振替口座	00190-2-186076	

企画・編集	エム編集事務所
印刷・製本	新日本印刷㈱

2018 Printed in Japan　　落丁・乱丁本はお取り替えいたします。
ISBN　978-4-526-07877-4　C3053
本書の無断複写は、著作権法上の例外を除き、禁じられています。

わかる！使える！

わかる！使える！マシニングセンタ入門
〈基礎知識〉〈段取り〉〈実作業〉

澤 武一 著
定価（本体 1800 円＋税）

第1章 これだけは知っておきたい 構造・仕組み・装備
第2章 これだけは知っておきたい 段取りの基礎知識
第3章 これだけは知っておきたい 実作業と加工時のポイント

わかる！使える！溶接入門
〈基礎知識〉〈段取り〉〈実作業〉

安田 克彦 著
定価（本体 1800 円＋税）

第1章 「溶接」基礎のきそ
第2章 溶接の作業前準備と段取り
第3章 各溶接法で溶接してみる

わかる！使える！プレス加工入門
〈基礎知識〉〈段取り〉〈実作業〉

吉田 弘美・山口 文雄 著
定価（本体 1800 円＋税）

第1章 基本のキ！ プレス加工とプレス作業
第2章 製品に価値を転写する プレス金型の要所
第3章 生産効率に影響する プレス機械と周辺機器

わかる！使える！接着入門
〈基礎知識〉〈段取り〉〈実作業〉

原賀 康介 著
定価（本体 1800 円＋税）

第1章 これだけは知っておきたい 接着の基礎知識
第2章 準備と段取りの要点
第3章 実務作業・加工のポイント

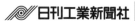 〒103-8548 東京都中央区日本橋小網町 14-1　TEL 03-5644-7410
http://pub.nikkan.co.jp/　FAX 03-5644-7400

【入門シリーズ】

◆
"これだけは知っておきたい知識"を
体系的に解説した実務に役立つ入門書。

わかる！使える！5S入門
〈基礎知識〉〈段取り〉〈実践活動〉

古谷　誠　著
定価（本体1800円+税）

第1章　5Sの基礎からはじめよう！
第2章　5Sを進めるための前準備
第3章　5Sを具体的に実践する

わかる！使える！塗料入門
〈基礎知識〉〈設計〉〈製造〉

小林　敏勝　著
定価（本体1800円+税）

第1章　塗料を作るための基礎知識
第2章　塗料配合の設計
第3章　塗料を作る

わかる！使える！射出成形入門
〈基礎知識〉〈段取り〉〈実作業〉

ものづくり人材アタッセ　編
定価（本体1800円+税）

第1章　射出成形　基本のキ
第2章　成形準備と段取りの要点
第3章　生産効率を高める射出成形の着眼点

わかる！使える！配管設計入門
〈基礎知識〉〈段取り〉〈実設計〉

西野　悠司　著
定価（本体1800円+税）

第1章　〈配管基礎教室〉配管設計　はじめの一歩
第2章　〈設計準備・資料室〉設計に必要なデータ、計算式
第3章　〈設計実践教室〉設計課題を実際に解いてみる

お求めは書店、または日刊工業新聞社出版局販売・管理部までお申し込みください。

技術大全シリーズ

日刊工業新聞社の好評図書シリーズ

工学分野の主要テーマを体系的・網羅的にまとめた、各テーマそれぞれ1冊でモノづくりに必要な知識が得られる専門書。

蒸留技術大全
大江修造 著
定価（本体3600円＋税）

アルミニウム大全
里 達雄 著
定価（本体3800円＋税）

板金加工大全
遠藤順一 編著
定価（本体3800円＋税）

工業塗装大全
坂井秀也 著
定価（本体3200円＋税）

めっき大全
関東学院大学
材料・表面工学研究所 編
定価（本体3800円＋税）

シリコーン大全
山谷正明 監修
信越化学工業 編著
定価（本体3800円＋税）

機械構造用鋼・工具鋼大全
日原政彦・鈴木 裕 著
定価（本体3200円＋税）

プラスチック材料大全
本間精一 著
定価（本体3200円＋税）

ステンレス鋼大全
野原清彦 著
定価（本体3400円＋税）

プレス加工大全
吉田弘美 著
定価（本体3200円＋税）

射出成形大全
有方広洋 著
定価（本体3400円＋税）

お求めは書店、または日刊工業新聞社出版局販売・管理部までお申し込みください。

日刊工業新聞社　〒103-8548 東京都中央区日本橋小網町14-1　TEL 03-5644-7410
http://pub.nikkan.co.jp/　FAX 03-5644-7400